Elektronenspinresonanz an NaV_2O_5 und verwandten Verbindungen

Dissertation zur Erlangung des Grades eines
Doktors der Naturwissenschaften
(Dr. rer. nat.)

vorgelegt beim
Fachbereich Physik der
Universität Augsburg

von
Meike Lohmann
aus Groß-Gerau

Alle Rechte, auch das des auszugweisen Nachdrucks, der auszugweisen oder vollständigen Wiedergabe, der Speicherung in elektronischer Form sowie der Übersetzung, liegen bei der Autorin.

Herstellung: Libri Books on Demand
ISBN: 3-8311-0318-6

Titelbild: Struktur von NaV_2O_5 (vergl. Abbildung 4.7, Seite 60) vor zwei spiegelnden Wänden, erstellt mit POV-Ray.

Referent: Prof. Dr. A. Loidl
Koreferent: Prof. Dr. A. Kampf

Tag der Einreichung: 09. Dezember 1999
Tag der Prüfung: 17. Februar 2000

Die Entwicklung der Menschheit

Einst haben die Kerls auf den Bäumen gehockt,
behaart und mit böser Visage.
Dann hat man sie aus dem Urwald gelockt
und die Welt asphaltiert und aufgestockt,
bis zur dreißigsten Etage.

Da saßen sie nun, den Flöhen entflohn,
in zentralgeheizten Räumen.
Da sitzen sie nun am Telefon.
Und es herrscht noch genau derselbe Ton
wie seinerzeit auf den Bäumen.

Sie hören weit. Sie sehen fern.
Sie sind mit dem Weltall in Fühlung.
Sie putzen die Zähne. Sie atmen modern.
Die Erde ist ein gebildeter Stern
mit sehr viel Wasserspülung.

Sie schießen die Briefschaften durch ein Rohr.
Sie jagen und züchten Mikroben.
Sie versehn die Natur mit allem Komfort.
Sie fliegen steil in den Himmel empor
und bleiben zwei Wochen oben.

Was ihre Verdauung übrig lässt,
das verarbeiten sie zu Watte.
Sie spalten Atome. Sie heilen Inzest.
Und sie stellen durch Stiluntersuchungen fest,
daß Cäsar Plattfüße hatte.

So haben sie mit dem Kopf und dem Mund
den Fortschritt der Menschheit geschaffen.
Davon mal abgesehen und
bei Lichte betrachtet sind sie im Grund
noch immer die alten Affen.

Erich Kästner (1899–1974)

Inhaltsverzeichnis

1 **Einleitung**   7

2 **Elektronenspinresonanz**   11
  2.1 Grundlagen der Elektronenspinresonanz 11
  2.2 Meßgrößen 15
      2.2.1 Resonanzfeld (g-Faktor) 15
      2.2.2 Linienbreite und Linienform 15
      2.2.3 Intensität (Suszeptibilität) 20
  2.3 Dzyaloshinsky–Moriya–Wechselwirkung 21
  2.4 Hyperfeinstruktur 23
  2.5 Experimenteller Aufbau 25

3 **Eigenschaften niedrigdimensionaler Spin-Systeme**   29
  3.1 Eigenschaften von Spinketten und Spinleitern 31
      3.1.1 Spinketten 31
      3.1.2 Spinleitern 36
  3.2 Spin-Peierls-Übergang 41

4 **Physik der Vanadium–Oxide**   47
  4.1 Niedrigdimensionale Vanadium–Verbindungen 48
      4.1.1 CaV_nO_{2n+1} 48
      4.1.2 Vanadiumbronzen $Na_xV_2O_5$ 49
  4.2 Das System α'-NaV_2O_5 54

5 **Elektronenspinresonanz an Vanadiumbronzen**   63
  5.1 α'-NaV_2O_5 64
      5.1.1 Probenpräparation und Charakterisierung 64
      5.1.2 ESR-Spektren und Linienform in α'-NaV_2O_5 65
      5.1.3 Temperatur- und Winkelabhängigkeit des g–Tensors ... 67
      5.1.4 ESR-Linienbreite: Hinweise auf Ladungsordnung 71
      5.1.5 Suszeptibilität 86

5.2 Die Dotierungsreihe $Na_{1-x}Li_xV_2O_5$ 92
5.3 Dotierung mit Kalzium: $Na_{1-y}Ca_yV_2O_5$ 101
5.4 β-$Na_{0.33}V_2O_5$ und $Cu_{0.33}V_2O_5$ 107
    5.4.1 Probenpräparation und Probenqualität 107
    5.4.2 $Na_xV_2O_5$: ein System mit einem Singulett–Grundzustand 111
    5.4.3 $Cu_yV_2O_5$: Hinweise auf magnetische Ordnung? 113
5.5 η-$Na_{1.285}V_2O_5$ 121
    5.5.1 Probenherstellung 121
    5.5.2 ESR-Messungen an η-$Na_{1.285}V_2O_5$ 121
5.6 κ-$Na_{1.8}V_2O_5$ 129

6 Zusammenfassung 133

A Anhang 137
A.1 Feinstruktur in einer NaV_2O_5-Probe 137

Kapitel 1

Einleitung

Das Verhalten niedrigdimensionaler magnetischer und elektronischer Systeme bildet einen aktuellen Forschungsschwerpunkt der Festkörperphysik. Diese Systeme sind in vielen Fällen einer einfachen theoretischen Beschreibung zugänglich und erlauben so einen direkten Vergleich zwischen Theorie und Experiment.
Die Übergangsmetalloxide und unter ihnen besonders die Verbindungen des Vanadiums zeichnen sich in diesem Zusammenhang durch eine große Vielfalt verschiedener niedrigdimensionaler Strukturen (wie z. B. Spinketten, Leiterstrukturen und eindimensionale elektrische Leiter) und daraus resultierender physikalischer Phänomene aus.

Großes Interesse rief in diesem Zusammenhang die Beobachtung eines zunächst als Spin-Peierls-Übergang identifizierten Phasenübergangs in NaV_2O_5 hervor [Iso96]. Der Spin-Peierls-Übergang ist das magnetische Äquivalent zu der bereits 1955 von Peierls vorhergesagten Instabilität eines eindimensionalen Elektronengases gegen eine $2\,k_F$-Modulation der Ladungsträgerdichte, die in einem eindimensionalen Metall zu einem isolierenden Grundzustand führen kann. Analog dazu findet in einem Spin-Peierls-System ein Phasenübergang in einen Spin-Singulett-Grundzustand statt. Dieser wird aufgrund der Elektron-Phonon-Wechselwirkung durch eine Gitterverzerrung stabilisiert. Neben verschiedenen organischen Systemen, die diesen Phasenübergang zeigen ([Bra75, Jac76, Hui79]), war zu dieser Zeit mit $CuGeO_3$ nur ein einziges anorganisches Spin-Peierls-System bekannt [Has93]. Ausführliche Experimente an NaV_2O_5 und eine genauere Strukturbestimmung [Smo98, vS98, Mee98] bewiesen in der Folge, daß es sich bei dem in diesem System beobachteten Phasenübergang nicht um einen einfachen Spin-Peierls-Übergang handelt. Verschiedene Szenarien hierfür, wie eine Ladungsordnung gefolgt von einem Spin-Peierls-Übergang, werden zur Zeit diskutiert, und die

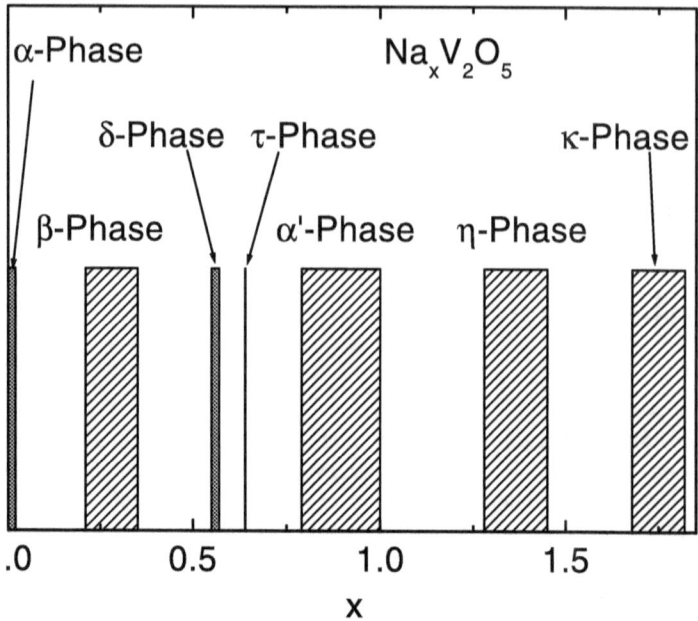

Abbildung 1.1: Phasendiagramm von $Na_xV_2O_5$ für $0 \leq x \leq 2$, nach Arbeiten von [Pou67b, Kan90, Sav96, Mil99, Iso99]. Die schraffiert gezeichneten Phasen wurden im Rahmen dieser Arbeit untersucht.

Struktur der Tieftemperaturphase ist Gegenstand aktueller Forschung [vS99]. Die Elektronenspinresonanz (ESR) erweist sich hierbei als eine ausgezeichnete Methode, um zur Klärung der offenen Fragen beizutragen. Man verfügt über eine mikroskopische Meßmethode, die direkt an den für das physikalische Verhalten ausschlaggebenden Vanadium-Ionen ansetzt und erhält so Informationen über die lokale Umgebung dieser Ionen. Die Ergebnisse dieser Untersuchungen, die den Schwerpunkt der vorliegenden Arbeit bilden, sind in Kapitel 5.1 dargestellt.

Auch die anderen Verbindungen der Form $Na_xV_2O_5$ zeichnen sich durch eine große Bandbreite interessanter struktureller und physikalischer Eigenschaften aus. Abbildung 1.1 zeigt das Phasendiagramm dieser Verbindungen.

Die β-Bronzen rückten nach der Entdeckung von eindimensionaler elektrischer Leitfähigkeit in $Na_{0.33}V_2O_5$ durch Wallis et al. 1977 [Wal77] in das

Zentrum des Interesses. Dieser Effekt läßt sich mit einem Modell von Chakraverty et al. [Cha78] für die Bildung von Bipolaronen erklären. Mit Hilfe der Elektronenspinresonanz kann man die Bildung der Bipolaronen direkt durch die Veränderung der Relaxationsmechanismen, die zu einer Abnahme der Linienbreite des Resonanzsignals führt, beobachten (Kapitel 5.4).
Die η-Phase, deren Struktur erst kürzlich bestimmt wurde [Mil99, Iso99], ist ein weiteres Beispiel für die Vielfalt niedrigdimensionaler Systeme. Man beobachtet in der Suszeptibilität das Auftreten eines Singulett-Grundzustands bei $T = 0$, dessen Natur aufgrund der komplexen Kristallstruktur jedoch noch unbekannt ist. Die an dieser Substanz durchgeführten ESR-Messungen liefern weitere Informationen über das Verhalten der noch weitgehend unbekannten Verbindung (Kapitel 5.5).
Die ebenfalls untersuchte κ-Bronze $Na_{1.8}V_2O_5$ (Kapitel 5.6) gehört wie die η-Phase zu den wenig bekannten Verbindungen der Reihe $Na_xV_2O_5$. Hier zeigt sich ein zusätzlicher Vorteil der Elektronenspinresonanz: die hohe Empfindlichkeit ermöglicht es mit geringen Probenmengen (die zu Verfügung stehenden Einkristalle sind sehr klein, $m \ll 1\,mg$) zu arbeiten, die die Anwendung der meisten anderen Meßmethoden unmöglich macht.

In der vorliegenden Arbeit werden zunächst die Grundlagen der Elektronenspinresonanz erläutert (Kapitel 2). Anschließend werden in Kapitel 3 die zur Interpretation der Messungen notwendigen theoretischen Modelle für niedrigdimensionale Spin-Systeme beschrieben. Kapitel 4 gibt einen kurzen Überblick über die niedrigdimensionalen Vanadium-Verbindungen. Im darauf folgenden Kapitel werden die durchgeführten ESR-Messungen an dem System $Na_xV_2O_5$ vorgestellt und diskutiert. Abschließend folgt eine Zusammenfassung der wichtigsten Ergebnisse.

Kapitel 2

Elektronenspinresonanz

2.1 Grundlagen der Elektronenspinresonanz

Die Elektronenspinresonanz (ESR) mißt die resonante Mikrowellenabsorption einer Probe in einem externen statischen Magnetfeld. Sie ist eine geeignete Methode zur Untersuchung aller Substanzen, die über permanente oder induzierte magnetische Momente verfügen. Bei Substanzen, in denen das nicht der Fall ist, besteht zusätzlich die Möglichkeit, mit geringen Mengen eines magnetischen Elements als ESR-Sonde zu dotieren (dies ist zum Beispiel bei der Untersuchung von Metallen häufig nötig [Els97]). Die ESR liefert dann Informationen über die lokale Umgebung der magnetischen Momente und ihre Wechselwirkungen.
Die in dieser Arbeit untersuchten Vanadium-Verbindungen enthalten zum größten Teil Vanadium in Form von V^{4+}-Ionen (S=1/2), so daß im folgenden hauptsächlich die Elektronenspinresonanz an Spin-1/2-Systemen beschrieben wird.

Bringt man eine Probe mit magnetischen Momenten in ein von außen angelegtes Magnetfeld, so spalten die Energieniveaus jedes einzelnen Spins S in $(2S+1)$ Zeeman-Niveaus auf (Abbildung 2.1). Die Aufspaltung ergibt sich aus dem Zeeman-Term des Hamilton-Operators $\mathcal{H}_Z$, der die Energie eines magnetischen Moments $\vec{\mu}$ im Magnetfeld $\vec{H}$ beschreibt:

$$\mathcal{H} = \mathcal{H}_0 + \mathcal{H}_Z = \mathcal{H}_0 - \vec{\mu} \cdot \vec{H} \qquad (2.1)$$

Der Anteil $\mathcal{H}_0$ des Hamilton-Operators beinhaltet alle anderen Wechselwirkungen der Spins (siehe Abschnitt 2.2.2). Das magnetische Moment eines Spins $\vec{S}$ ist gegeben durch

$$\vec{\mu} = g\mu_B \vec{S} \ . \qquad (2.2)$$

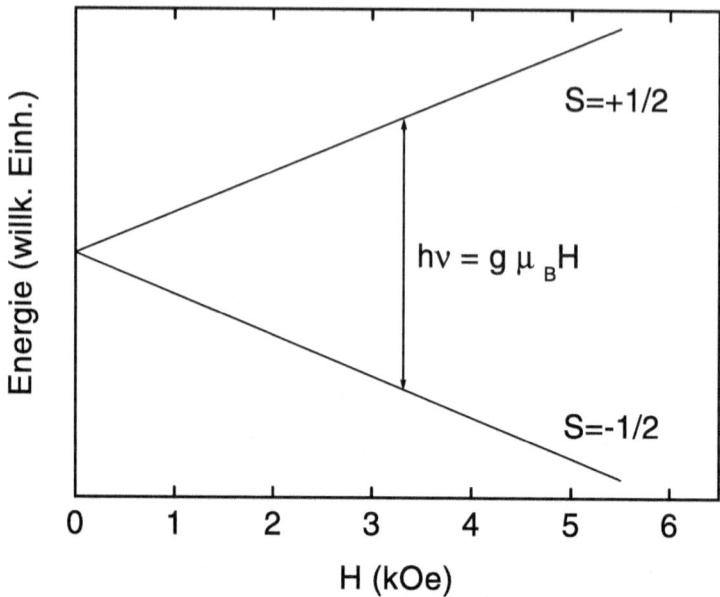

Abbildung 2.1: Aufspaltung der Energieniveaus eines Spin S=1/2 in einem externen Magnetfeld H.

Dabei ist g der gyromagnetische g-Faktor (für einen reinen Spin-Zustand ohne Bahndrehimpuls-Anteil gilt: $g_e = 2.0023$) und μ_B das Bohrsche Magneton ($\mu_B = e\hbar/2mc$). Die Aufspaltung der Zeeman-Niveaus ergibt sich durch einfaches Einsetzen:

$$E(m_s) = g\mu_B(\vec{S}\cdot\vec{H}) = g\mu_B m_S H \qquad (m_S = -S,\ldots,S) \qquad (2.3)$$

Die Energiedifferenz zwischen zwei Zeeman-Niveaus ΔE ist also proportional zum angelegten Magnetfeld H.

Zur Messung der Elektronenspinresonanz wird die zu untersuchende Probe in ein Mikrowellenfeld mit konstanter Frequenz gebracht, während gleichzeitig ein von außen angelegtes Magnetfeld kontinuierlich erhöht wird. Der magnetische Anteil des Mikrowellenfeldes $\vec{h}$ steht dabei senkrecht auf dem von außen angelegten Feld $\vec{H}$. Die absorbierte Mikrowellenleistung wird in Abhängigkeit von diesem externen Magnetfeld gemessen (Abbildung 2.2 a). Ist die Energie der eingestrahlten Mikrowelle gleich der Aufspaltung zwischen zwei benachbarten Energieniveaus, so beobachtet man resonante Absorption. Aufgrund der Auswahlregeln werden nur magnetische Dipol-Übergänge mit

2.1 Grundlagen der Elektronenspinresonanz

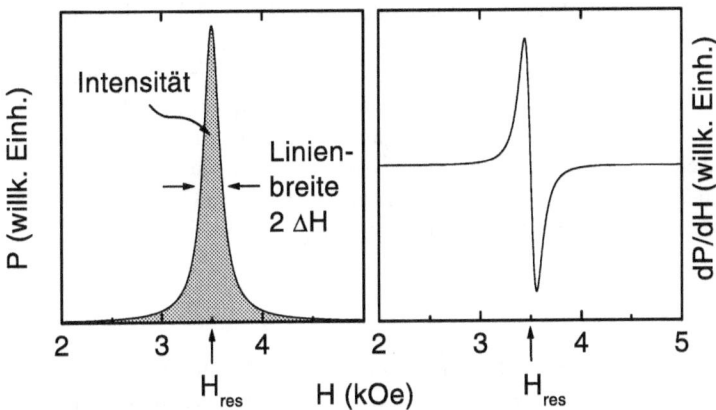

Abbildung 2.2: Absorbierte Mikrowellenleistung in Abhängigkeit des angelegten Magnetfeldes a) Lorentzlinie b) Ableitung einer Lorentzlinie nach dem Magnetfeld.

$\Delta m_S = \pm 1$ beobachtet. Es gilt:

$$\Delta E = h\nu = g\mu_B H \qquad (2.4)$$

ν ist die Frequenz der eingestrahlten Mikrowelle.
In einem klassischen Bild betrachtet bedeutet das, daß ein Spin in einem Magnetfeld um die Achse dieses Feldes mit der Larmorfrequenz $\omega_L = g\mu_B H/\hbar = \gamma H$ präzediert (γ: gyromagnetisches Moment). Entspricht die Anregungsfrequenz genau der Präzessionsfrequenz, dann findet resonante Absorption statt.

Um die Elektronenspinresonanz in einem Festkörper zu beschreiben, muß zum einen die Energieaufnahme in der Probe, die zur Anregung der Spins in ein höheres Zeeman-Niveau führt, zum anderen aber auch die Relaxation der Spins, d. h. die Energieabgabe an andere Spins oder das Kristallgitter berücksichtigt werden (ohne eine solche Relaxation wäre es nicht möglich, ein ESR-Signal zu beobachten). Dieser Vorgang läßt sich mit Hilfe der Bloch–Gleichungen beschreiben [Blo46]:
Hierbei nimmt man an, daß die Komponente der Magnetisierung parallel zum von außen angelegten Magnetfeld M_z, falls sie nicht ihren Gleichgewichtswert von $M_0 = \chi_0 H$ (H sei parallel z) hat, gemäß

$$\dot{M}_z = -\frac{M_z - M_0}{T_1} \qquad (2.5)$$

relaxiert. T_1 wird als longitudinale oder Spin-Gitter-Relaxationszeit bezeichnet, da hiermit die Energieabgabe der Spins an das Gitter erfaßt wird. Die Komponenten der Magnetisierung senkrecht zum äußeren Magnetfeld werden durch interne Felder (z.b. hervorgerufen durch Dipolwechselwirkungen) beeinflußt. Da diese Felder wesentlich kleiner sind als das externe Magnetfeld, verursachen sie in erster Näherung keine Änderung der Gesamtenergie des Systems, d. h. sie beeinflussen M_z nicht. Man kann also annehmen, daß M_x und M_y näherungsweise folgender Gleichung gehorchen:

$$\dot{M}_{x,y} = -\frac{M_{x,y}}{T_2} . \qquad (2.6)$$

T_2 wird die transversale Relaxationszeit genannt. Kombiniert man diese Ansätze zur Relaxation mit der Präzession der Magnetisierung um das statische Magnetfeld und verallgemeinert für eine beliebige Richtung des Magnetfeldes, so erhält man die Blochschen Gleichungen:

$$\dot{\vec{M}} = -\gamma(\vec{M} \times \vec{H}) - (\vec{M} - \chi_0\vec{H})(\frac{1}{T_1}\vec{e}_\parallel + \frac{1}{T_2}(\vec{e}_{\perp 1} + \vec{e}_{\perp 2})) . \qquad (2.7)$$

Dabei sind $\vec{e}_\parallel$ und $\vec{e}_{\perp 1/2}$ Einheitsvektoren parallel bzw. senkrecht zum externen Magnetfeld, das aus dem statischen Magnetfeld und dem durch das Mikrowellenfeld verursachten oszillierenden Feld besteht.
Mit einem Ansatz für die transversale Komponente der Magnetisierung erhält man aus den Bloch–Gleichungen die lokale dynamische Suszeptibilität $\chi(\omega)$. Die absorbierte Mikrowellenleistung ist proportional zum Imaginärteil der dynamischen Suszeptibilität. Daraus folgt, daß die absorbierte Mikrowellenleistung als Funktion des statischen Magnetfeldes durch eine Lorentz-Kurve (Abbildung 2.2) beschrieben wird:

$$P(H) \propto \frac{\Delta H}{(H - H_{res})^2 + (\Delta H)^2} \qquad (2.8)$$

Für die Linienbreite der Lorentzkurve gilt $\Delta H = \frac{1}{\gamma T_2}$. Es läßt sich allgemein zeigen, daß die Linienform durch die Annahme über die transversale Relaxation bestimmt wird: die Linienform ist gegeben durch die Fouriertransformierte der Relaxation, im Fall einer Lorentzlinie handelt es sich um die Fouriertransformierte eines exponentiellen Abfalls, der aus dem linearen Ansatz 2.6 für die Relaxation folgt.

2.2 Meßgrößen

Aus der oben hergeleiteten Lorentzform der Resonanzlinie erhält man folgende Meßgrößen: Resonanzfeld (g-Faktor), Linienbreite und Intensität. Dazu kommt als weitere Information die Form der Resonanzlinie.

2.2.1 Resonanzfeld (g-Faktor)

Das Resonanzfeld liefert Informationen über die am Ort der ESR-Sonde vorhandenen lokalen Felder. Es kann über die in Gleichung 2.4 angegebene Beziehung in den g-Faktor umgerechnet werden (unter der Voraussetzung, daß die Aufspaltung der Spinzustände durch den Zeemanterm 2.1 verursacht wird). Bei einer für die in dieser Arbeit gezeigten Messungen typischen Frequenz von 9.4 GHz entspricht einem g-Faktor von 2 ein Resonanzfeld von ca. 3360 Oe.
Im allgemeinsten Fall muß der g-Faktor durch einen Tensor beschrieben werden; der Zeeman-Term des Hamilton–Operators ist dann gegeben durch:

$$\mathcal{H}_{Zeeman} = \mu_B \vec{H} \bar{\bar{g}} \vec{S} \tag{2.9}$$

Aus dem g-Tensor gewinnt man durch eine Hauptachsen-Transformation die Eigenwerte g_x, g_y und g_z, wobei die Hauptachsen nicht immer identisch mit den Achsen des Kristalls sind.
Die Winkelabhängigkeit des g-Tensors wird bei ESR-Sonden mit reinem Spinzustand (ohne Beimischung des Bahndrehimpulses) durch die Polarisation der Umgebung des Spins verursacht. In Systemen mit nicht verschwindendem Bahndrehimpulsanteil wird die Anisotropie des g-Faktors zusätzlich über die Spin-Bahn-Kopplung durch das Kristallfeld beeinflußt.
In Systemen mit magnetischer Ordnung wird die Resonanzlage durch die Anwesenheit lokaler Magnetfelder oft zu sehr kleinen Magnetfeldern (oder sogar $H_{res} = 0$) hin verschoben. Im diesem Fall ist die Angabe als g-Faktor nicht mehr sinnvoll.

2.2.2 Linienbreite und Linienform

Die Linienbreite ΔH einer symmetrischen Absorptionskurve ist definiert als die halbe Breite des Signals auf der Hälfte der maximalen Signalhöhe („half width half maximum"). Sie kann mit Hilfe eines Fits mit einer geeigneten Linienform (Lorentzkurve: Gleichung 2.8 oder Gaußkurve: Gleichung

2.13) bestimmt werden. Oft wird außerdem die sogenannte „peak-to-peak"-Linienbreite ΔH_{pp} angegeben, die auch in dieser Arbeit verwendet wurde. Sie entspricht dem Abstand zwischen Maximum und Minimum des nach dem Magnetfeld abgeleiteten Signals (aus meßtechnischen Gründen wird die Ableitung der Resonanzlinie detektiert, siehe dazu Kapitel 2.5). Bei einer Lorentzlinie gilt:

$$\Delta H_{pp} = \frac{2}{\sqrt{3}} \cdot \Delta H \approx 1.15 \Delta H \qquad (2.10)$$

Wenn eine Probe eine metallische Leitfähigkeit besitzt, dann führt der Skineffekt dazu, daß sie nicht mehr vollständig von dem Mikrowellenfeld durchdrungen wird. Das Quadrat der Eindringtiefe ist umgekehrt proportional zu dem Produkt aus Leitfähigkeit und Frequenz. In diesem Fall sind die magnetische und die elektrische Komponente des Mikrowellenfeldes in der Probe nicht mehr in Phase, und man erhält die Beimischung eines Dispersionsanteils (proportional zum Realteil der dynamischen Suszeptibilität) zu dem gemessenen Signal. Das ESR-Signal wird dann unsymmetrisch und läßt sich mit folgender Formel, die zuerst von Dyson angegeben wurde [Dys55], beschreiben:

$$P(H) \propto \frac{\Delta H + \alpha \cdot (H - H_{res})}{(\Delta H)^2 + (H - H_{res})^2} \qquad (2.11)$$

Der Parameter α gibt das Verhältnis von Dispersion zu Absorption in der Probe an und wird als Anpassungsparameter ($0 \leq \alpha \leq 1$) verwendet. Für $\alpha = 0$ ergibt sich wieder eine Lorentzlinie.

Wie bereits in Kapitel 2.1 beschrieben, wird die Linienbreite durch die transversale Relaxation, d. h. durch die Wechselwirkung der Spins untereinander und mit dem Gitter bestimmt.
Die einfachste dieser Wechselwirkungen ist die **Dipol-Dipol-Wechselwirkung**. Jeder Spin erzeugt als magnetischer Dipol in seiner Umgebung ein magnetisches Feld. Jeder Spin befindet sich also in einem lokalen Magnetfeld, welches durch alle ihn umgebenden Spins erzeugt wird. Da dieses lokale Feld von der Ausrichtung der umgebenden Spins abhängt, ist seine Größe und Richtung weitgehend zufällig und an jedem Ort des Kristalls unterschiedlich. Die auf diese Weise entstehenden Magnetfelder sind von der Größenordnung $10^2 - 10^3$ G [Abr86]. In der ESR bewirken diese lokalen magnetischen Felder, die sich mit dem von außen angelegten Magnetfeld überlagern, eine Linienverbreiterung, da jeder Spin sich in einem geringfügig unterschiedlichen Magnetfeld befindet und daher eine unterschiedliche Resonanzlage aufweist.

2.2 Meßgrößen

Man spricht von inhomogener Verbreiterung der Linie. Die Dipol-Dipol-Wechselwirkung wird beschrieben durch

$$\mathcal{H}_{dd} = g^2 \mu_B^2 \sum_{i>j} \frac{1}{r_{ij}^3} \left[\vec{S}_i \cdot \vec{S}_j - \frac{3(\vec{S}_i \cdot \vec{r}_{ij})(\vec{S}_j \cdot \vec{r}_{ij})}{r_{ij}^2} \right] \quad (2.12)$$

Die Linienform des durch die Dipol-Dipol-Wechselwirkung verbreiterten Signals ergibt sich als Einhüllende der Einzellinien und kann oft mit einer gaußförmigen Linie beschrieben werden:

$$P(H) \propto e^{-\frac{(H-H_{res})^2}{2<H_i^2>}} \quad (2.13)$$

Dabei ist H_{res} das Resonanzfeld und $<H_i^2>$ das sogenannte 2. Moment der Kurve[1]. Die halbe Halbwertsbreite dieser Kurve beträgt

$$\Delta H = \sqrt{\ln 2 \cdot <H_i^2>} \approx 0.83 \sqrt{<H_i^2>} \quad (2.14)$$

Wenn alle zum ESR-Signal beitragenden Spins identisch sind, dann führt die Dipol-Dipol-Wechselwirkung zu einer zusätzlichen homogenen[2] Verbreiterung des ESR-Signals. Dieser Effekt beruht darauf, daß alle Spins mit derselben Frequenz um das externe Magnetfeld präzedieren. Dadurch wird ein zusätzliches oszillierendes Magnetfeld erzeugt, welches wiederum Übergänge zwischen Spinzuständen induzieren kann.

Die **isotrope Austauschwechselwirkung** zwischen identischen Spins führt dagegen zu einer Verringerung der Linienbreite.
Sie wird durch folgenden Hamilton-Operator ausgedrückt:

$$\mathcal{H}_{ie} = \sum_{(i,j)} J_{ij} (\vec{S}_i \cdot \vec{S}_j) \quad (2.15)$$

Durch die Austauschwechselwirkung wird die Linie im Zentrum verschmälert, während die Intensität in den Randbereichen zunimmt. Die Linienform läßt sich dann mit einer Lorentzlinie (Gleichung 2.8, Abbildung 2.2) anpassen.

---

[1] Das n. Moment einer Linie $P(H)$ ist definiert als $<H_i^n> = \int (H-H_{res})^n P(H) dH$. Die Berechnung der Momente kann zur Bestimmung der vorliegenden Linienform verwendet werden.
[2] Man spricht von homogener Verbreiterung, falls diese ausschließlich auf einer Verkürzung der Lebensdauer des angeregten Zustandes beruht. Im Fall einer inhomogenen Verbreiterung, wie sie durch lokale Felder verursacht wird, wird diese Lebensdauer nicht beeinflußt.

Der Verschmälerungsprozeß verläuft in Analogie zu dem aus der Kernspinresonanz bekannten „motional narrowing": durch die quantenmechanische Austauschwechselwirkung fluktuieren die Spins mit einer Rate der Größenordnung $J/\hbar$. Das durch einen solchen fluktuierenden Spin erzeugte magnetische Dipolfeld trägt weniger effektiv zur oben beschriebenen Dipol-Verbreiterung bei (nur Magnetfelder, die während einer Zeit, die vergleichbar mit der Lebensdauer der angeregten Zustände ist, konstant sind, bewirken eine effektive Linienverbreiterung durch den oben genannten Mechanismus).

Eine **anisotrope Austauschwechselwirkung** zwischen den Spins führt, im Gegensatz zum isotropen Austausch, zur Verbreiterung des ESR-Signals. Der anisotrope Austausch ist in seiner allgemeinsten Form gegeben durch:

$$\mathcal{H}_{ae} = \sum_{(i,j)} \vec{S}_i \cdot \bar{\bar{J}}_{ij} \cdot \vec{S}_j \qquad (2.16)$$

Der Mechanismus, der zur Linienverbreiterung führt, ist dann analog zu dem für die Dipol-Dipol-Wechselwirkung. Auch der **anisotrope Zeeman-Term** (siehe Gleichung 2.9) kann auf diese Weise zur Linienverbreiterung beitragen.

Eine weitere Wechselwirkung, die für die Linienbreite relevant sein kann, ist die **antisymmetrische Dzyaloshinsky-Moriya-Wechselwirkung**. Wie T. Moriya 1960 zeigte [Mor60], kann ein indirekter Austausch zwischen zwei Spins über ein drittes Atom (oder eine Gruppe von Atomen) zu einer Wechselwirkung der folgenden Form führen:

$$\mathcal{H}_{DM} = \vec{D}_{ij} \cdot (\vec{S}_i \times \vec{S}_j) \qquad (2.17)$$

Diese Wechselwirkung tritt nur auf, wenn bestimmte Voraussetzungen, betreffend die Symmetrie des Kristalls, gegeben sind (so dürfen zum Beispiel keine zwei symmetrischen Wege für den indirekten Austausch vorliegen). Sie wird im folgenden Abschnitt 2.3 ausführlicher besprochen.

Auch die in Abschnitt 2.4 diskutierte **Hyperfein-Wechselwirkung** zwischen Elektronenspins und Kernspins kann eine Linienverbreiterung zur Folge haben, falls die Einzellinien der Hyperfein-Aufspaltung nicht aufgelöst werden können. Die Verbreiterung entspricht dann der maximalen Ausdehnung der Hyperfeinstruktur.

Ebenso können andere, nicht vollständig aufgelöste Strukturen des Spektrums zu einer effektiven Zunahme der Linienbreite führen.
Besitzt der Sondenspin zusätzlich zum reinen Spinanteil seines Drehimpulses

2.2 Meßgrößen

einen Bahndrehimpuls (oder geringe Beimischungen davon), so kommt es zu einer Wechselwirkung mit dem elektrischen **Kristallfeld** und damit zu einer Aufspaltung des Grundzustandes. Der Einfluß eines Kristallfeldes mit axialer Symmetrie läßt sich in erster Ordnung beschreiben mit:

$$\mathcal{H}_{cf} = \frac{1}{3} b_2^0 \left(3S_z^2 - S(S+1)\right) \cdot \frac{1}{2} \left(3\cos^2\vartheta - 1\right) \qquad (2.18)$$

Dabei ist ϑ der Winkel zwischen der Achse des Kristallfeldes und dem angelegten Magnetfeld. Der winkelabhängige Faktor wird zu eins, wenn das Magnetfeld in Richtung der Kristallfeld-Achse anliegt. In dieser Orientierung beobachtet man eine maximale Aufspaltung der Hyperfeinlinien von $2\,b_2^0$. Das Kristallfeld wird von der lokalen Symmetrie des Kristalls bestimmt und bewirkt dadurch eine starke Winkelabhängigkeit des ESR-Signals. Es beeinflußt nicht nur Linienbreite sondern auch Linienform und Resonanzlage ([Abr86], [Bar74], [Ple73]).

Die Relaxation der durch das Mikrowellenfeld angeregten Spins kann jedoch nicht nur über die erwähnten Spin-Spin-Wechselwirkungen sondern auch über eine Energieabgabe an das Kristallgitter erfolgen, d. h. die Spin-Gitter-Relaxationszeit T_1 trägt zur Linienverbreiterung bei. Dieser Zusammenhang läßt sich für isotrop fluktuierende Felder ausdrücken als

$$\frac{1}{T_2} = \frac{1}{T_2'} + \frac{1}{2T_1}, \qquad (2.19)$$

wobei der erste Term die inhomogene Verbreiterung und der zweite die Verbreiterung durch die Energieabgabe an das Gitter beschreibt [Sli96]. In den meisten Fällen gilt jedoch $\frac{1}{2T_1} \ll \frac{1}{T_2'}$, so daß der Beitrag von T_1 zur Linienbreite oft vernachlässigbar ist.

Die Kopplung an das Gitter kann auf unterschiedliche Weisen erfolgen. Hierbei spielt besonders die **Kopplung an die Phononen** eine wichtige Rolle. Die unterschiedlichen Prozesse lassen sich nach der Anzahl der beteiligten Phononen klassifizieren (ein Phonon: induzierte Emission oder Absorption, zwei Phononen: Raman-Prozesse, drei Phononen: Orbach-Prozesse). Diese Art der Relaxation wird stark durch die Anzahl der vorhandenen Phononen beeinflußt und zeigt daher eine ausgeprägte Temperaturabhängigkeit (für eine ausführliche Darstellung siehe zum Beispiel [Abr86]).

Ein weiterer Relaxationskanal steht in Metallen zu Verfügung. Hier kann die Energieabgabe über die Leitungselektronen an das Gitter erfolgen [Bar81].

Es ergibt sich ein linearer Anstieg der Linienbreite mit der Temperatur (**Korringa-Relaxation**), dessen Größe von der Zustandsdichte der Elektronen an der Fermi-Kante bestimmt wird.

Die große Anzahl der auf die Linienbreite einwirkenden Faktoren erschwert oft eine exakte theoretische Beschreibung[3]. Dennoch ist es in der Regel möglich den Beitrag der einzelnen Wechselwirkungen abzuschätzen und so die relevanten Prozesse zu bestimmen. Ein Beispiel für eine solche Abschätzung findet sich in Abschnitt 5.1.

2.2.3 Intensität (Suszeptibilität)

Die Intensität des ESR-Signals, d. h. die Fläche unter der Absorptionskurve, ist direkt proportional zur Spinsuszeptibilität der untersuchten Probe. Sie wird entweder durch Integration des gemessenen Signals oder mit Hilfe der aus einem Fit mit einer passenden Linienform gewonnenen Parameter berechnet. Für eine Lorentzlinie (Gleichung 2.8) gilt:

$$I \propto A \cdot \Delta H^2 \qquad (2.20)$$

Dabei ist A die Amplitude, d. h. die maximale Höhe des Signals, und ΔH die Linienbreite.

Der Zusammenhang zwischen Spinsuszeptibilität und Intensität des ESR-Signals läßt sich folgendermaßen verstehen:
Die in der Probe absorbierte Mikrowellenleistung ist proportional zum Imaginärteil der dynamischen Suszeptibilität $\chi''(\omega)$:

$$P_{abs} = \frac{1}{2}\omega H_1^2 V \chi''(\omega) \qquad (2.21)$$

(H_1: Amplitude des oszillierenden Mikrowellenfeldes $H(\omega) = H_1 \cdot \cos(\omega t)$, V: Volumen der Probe). $\chi''(\omega)$ ist wiederum mit der statischen Suszeptibilität χ_0 verbunden über:

$$\chi''(\omega) = \frac{1}{2}\pi\omega\chi_0 f(\omega) \qquad (2.22)$$

(Dieser Zusammenhang läßt sich herleiten, indem man die absorbierte Energie als Funktion der Übergangswahrscheinlichkeiten und Besetzungszahlen

---
[3]Eine ausführliche Beschreibung der hier diskutierten Phänomene findet sich in Standardwerken der ESR, wie [Abr86], [Pak73]

2.3 Dzyaloshinsky–Moriya–Wechselwirkung 21

der Zeeman-Niveaus darstellt, siehe z. B. [Abr86].) Die Funktion $f(\omega)$ ist die sogenannte Formfunktion („shape function"), die außer von der Mikrowellenfrequenz ω, von der Larmorfrequenz ω_0 und der Linienbreite abhängt. Sie ist normiert gemäß $\int_0^\infty f(\omega)d\omega = 1$.
Gleichung 2.22 erfüllt die Kramers-Kronig-Relationen, von denen sich eine schreiben läßt als:

$$\chi_0 = \frac{2}{\pi} \int_0^\infty \frac{\chi''(\omega)d\omega}{\omega} \qquad (2.23)$$

Setzt man in diese Beziehung Gleichung 2.21 ein und führt eine Variablentransformation durch (die Messung erfolgt bei fester Frequenz $\omega = g\mu_B H_{res}$ und die Lamorfrequenz $\omega_0 = g\mu_B H$ variiert mit dem Magnetfeld), so erhält man die direkte Proportionalität zwischen ESR-Intensität (Integral über P_{abs}) und statischer Suszeptibilität:

$$\chi_0 = \frac{4}{\pi H_1^2 V} \int_0^\infty P_{abs}(H)\, dH \propto I \qquad (2.24)$$

Da die absolute Bestimmung der Intensität stark fehlerbehaftet ist, benutzt man in der Regel eine Eichprobe mit bekannter Anzahl an Spins (und damit bekannter Intensität), um die absolute Intensität einer Probe zu bestimmen. Als Eichprobe wird vorzugsweise der organische Farbstoff DPPH (1,1–Diphenyl–2–Pikrylhydazyl) verwendet, da er bei Raumtemperatur eine ausreichend intensive und sehr schmale Linie ($\Delta H \lesssim 1$ G) bei $g \approx g_e$ aufweist.

Die Bestimmung der Suszeptibilität einer Probe mit Hilfe der ESR hat verschiedene Vorteile. So wird nur eine sehr geringe Probenmasse benötigt. Falls die Probe eine Fremdphase enthält, die ebenfalls zum ESR-Signal beiträgt, so ist es oft möglich, beide Signale im Fit zu trennen und nur die Suszeptibilität der eigentlichen Phase zu bestimmen. Bei Einkristallen ist außerdem eine orientierungsabhängige Messung möglich.

2.3 Dzyaloshinsky–Moriya–Wechselwirkung

I. Dzyaloshinsky schlug 1958 eine Erklärung für den in manchen antiferromagnetischen Verbindungen, wie α-Fe_2O_3, beobachteten schwachen Ferromagnetismus vor [Dzy58]. Er erklärte diese Beobachtung mit einer schwachen Verkippung der antiferromagnetischen Untergitter gegeneinander, die dieselbe Symmetrie hat, wie die unverkippte Anordnung.

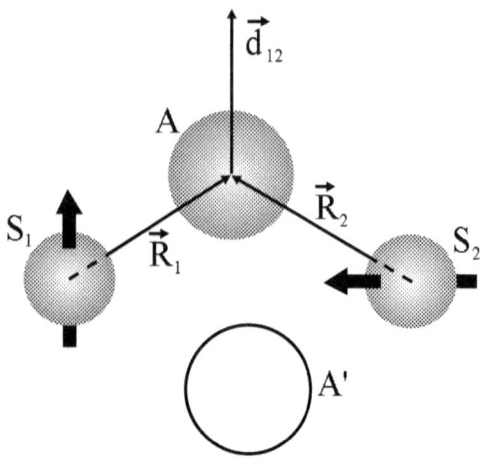

Abbildung 2.3: Indirekter Austausch zwischen den Spins $\vec{S}_1$ und $\vec{S}_2$ über ein drittes Atom A nach [Kef62]. Würde ein Atom am Ort A' existieren, dann würden sich die Beiträge beider Austauschwege aufheben.

1960 wurde von T. Moriya gezeigt [Mor60], daß die Kombination aus Spin-Bahn-Kopplung und Superaustausch eine Wechselwirkung der Form

$$\mathcal{H}_{DM} = \vec{d}_{ij} \cdot [\vec{S}_i \times \vec{S}_j] \qquad (2.25)$$

erzeugen kann. Die Existenz dieser Wechselwirkung setzt voraus, daß zwischen den wechselwirkenden Spins ein indirekter Austausch über ein drittes Atom (oder eine Gruppe) von Atomen erfolgt. Im Fall von zwei direkt wechselwirkenden Spins, selbst wenn es sich um unterschiedliche Spins handelt, verschwindet $\mathcal{H}_{DM}$.

Der Vektor $\vec{d}_{ij}$ ist ein axialer Vektor, der senkrecht auf der Ebene der Spins und des vermittelnden Atoms steht. Ein Beispiel zeigt Abbildung 2.3. $\vec{d}_{ij}$ steht senkrecht auf $\vec{R}_1$ und $\vec{R}_2$, die Orientierung ($\pm \vec{R}_1 \times \vec{R}_2$) muß jedoch im Einzelfall bestimmt werden. In der gezeigten Situation gibt es nur einen Austauschweg. Wenn mehrere Austauschwege existieren, dann dürfen diese nicht zueinander symmetrisch sein, da sich sonst die einzelnen Beiträge zu 2.25 gegenseitig aufheben (in Abbildung 2.3 wäre das zum Beispiel der Fall, wenn sich unterhalb der Spins ein zweites Atom A' befände.)

Aufgrund von Symmetriebetrachtungen werden von Moriya vier Regeln für die Bestimmung der Richtung von $\vec{d}_{ij}$ in komplexeren Fällen angegeben. Für zwei Spins an den Punkten A und B mit der Verbindungslinie AB gilt, wenn sich in ihrer Mitte kein Inversionszentrum befindet (falls ein Inversionszentrum existiert ist $\vec{d}_{ij} = 0$):

- Wenn eine Spiegelebene senkrecht zu der Verbindungslinie der Spins AB existiert, dann ist $\vec{d}_{ij}$ parallel zu dieser Spiegelebene.

- Wenn eine Spiegelebene existiert, die A und B einschließt, dann ist $\vec{d}_{ij}$ senkrecht zu dieser Spiegelebene.

- Wenn eine zweifache Rotationsachse senkrecht den Mittelpunkt von AB schneidet, dann ist $\vec{d}_{ij}$ senkrecht zu dieser Rotationsachse.

- Wenn es eine n-fache Rotationsachse ($n \geq 2$) entlang AB gibt, dann ist $\vec{d}_{ij}$ parallel zu AB.

Die Stärke der Dzyaloshinsky–Moriya–Wechselwirkung hängt also stark von der Anisotropie in der untersuchten Substanz ab. Als Abschätzung kann der folgende, ebenfalls von Moriya angegebene Zusammenhang dienen:

$$|\vec{d}_{ij}| \simeq \frac{\Delta g}{g} |J| \qquad (2.26)$$

wobei $\Delta g = g - 2$ und J die Austauschkonstante für isotropen Austausch ist.

Wie von I. Yamada et al. gezeigt werden konnte, spielt die Dzyaloshinsky–Moriya–Wechselwirkung eine wichtig Rolle beim Verständnis der Linienbreite in NaV_2O_5 [Yam98] und $CuGeO_3$ [Yam96]. So beobachtet man in beiden Verbindungen ein Winkelabhängigkeit der Linienbreite von

$$\Delta H \propto 1 + \cos^2(\psi) \qquad (2.27)$$

wenn ψ der Winkel zwischen $\vec{d}_{ij}$ und dem von außen angelegten Magnetfeld ist.

2.4 Hyperfeinstruktur

Die Hyperfeinstruktur[4] entsteht durch die Wechselwirkung zwischen dem magnetischen Moment des Spins und dem des Atomkerns. Sie läßt sich beschrei-

---

[4]Die analog zur Hyperfeinstruktur durch das Kristallfeld ($\mathcal{H}_f = \vec{S}\,\bar{\bar{D}}\,\vec{S}$) verursachte Feinstruktur tritt nur in Systemen mit $S \neq \frac{1}{2}$ auf und ist daher nicht relevant für die in dieser Arbeit untersuchten Substanzen. Eine Feinstruktur, die in einer Probe mit Seltenen-Erd-Verunreinigungen gefunden wurde, wird im Anhang beschrieben.

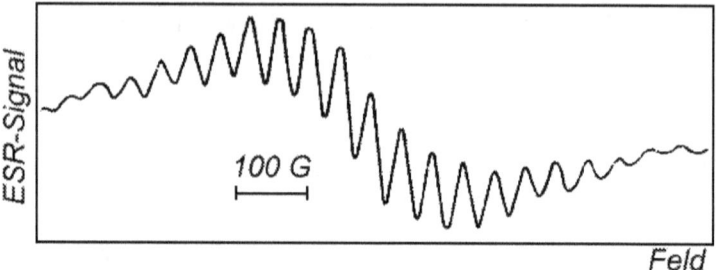

Abbildung 2.4: ESR–Spektrum von $Cu_{0.01}V_2O_5$, die Hyperfeinwechselwirkung führt zu einem Spektrum mit 29 Linien [Spe74b], siehe auch Kapitel 4.1.2.

ben als:

$$\mathcal{H}_{hf} = \vec{S}\,\bar{\bar{A}}\,\vec{I} \qquad (2.28)$$

Wenn die Aufspaltung der Zeeman-Niveaus größer ist als die durch die Hyperfeinstruktur verursachte Aufspaltung, dann lassen sich die Energieniveaus (in erster Ordnung) schreiben als:

$$E = g\mu_B H m_S + K m_S m_I \qquad (2.29)$$

mit $m_I = (-I, -I+1, ..., I)$ und $K \equiv \frac{1}{gH}|\vec{H}\bar{\bar{g}}\bar{\bar{A}}|$. Die Resonanzfelder der so entstehenden $(2I+1)$ Linien liegen bei

$$H_{res}(m_I) = \frac{h\nu - K m_I}{g\mu_B}. \qquad (2.30)$$

Die Intensitäten dieser Linien und die Abstände zwischen ihnen sind identisch.
Wenn ein Spin mit mehreren der ihn umgebenden Kernspins wechselwirkt, dann ergeben sich durch die Überlagerung der einzelnen Hyperfeinspektren kompliziertere Strukturen. Allgemein gilt, daß eine Wechselwirkung eines Spins mit N identischen Kernen mit dem Kernspin I zu einem Spektrum von $(2NI+1)$ Linien in gleichem Abstand führt. Die Intensität dieser Linien ergibt sich aus der Anzahl der an einer Resonanzstelle überlagerten Linien und nimmt in der Regel zu den äußeren Linien hin ab[5].

---

[5]Diese Intensitäten sind für die am häufigsten vorkommenden Fälle tabelliert, siehe [Pak73]

Ein Beispiel für eine Hyperfeinstruktur in $Cu_{0.01}V_2O_5$ zeigt Abbildung 2.4. Die Kernspins des Vanadium ^{51}V $I = \frac{7}{2}$ wechselwirken mit einem über vier Vanadium-Plätze delokalisierten Elektron, und man beobachtet 29 (= $2 \cdot 4 \cdot \frac{7}{2} + 1$) Linien [Spe74b].
Man erhält auf diese Weise aus der Hyperfeinstruktur Hinweise auf die Verteilung der Elektronen im Kristall.

2.5 Experimenteller Aufbau

Die in dieser Arbeit gezeigten Messungen wurden mit einem X-Band-Spektrometer der Firma Bruker, Elexsys 500 CW, durchgeführt. Einen schematischen Aufbau zeigt Abbildung 2.5. Zur Erzeugung der Mikrowellenstrahlung mit einer Frequenz von 9.2 bis 9.9 GHz dient eine Gunndiode. Mit Hilfe eines Hohlleiters wird die Mikrowellenstrahlung in den Resonator eingekoppelt. Benutzt wird ein Rechteckresonator TE 102. Mit Hilfe eines AFC („automatic frequency control") wird die Mikrowellenfrequenz automatisch nachgeregelt, um sie der Resonanzfrequenz des Resonators anzupassen. Die maximale Güte des verwendeten Resonators beträgt 6000, bedingt durch das sich aufgrund der eingesetzten Kryostaten im Resonator befindliche Glas, wurden bei Messungen jedoch nur Güten von maximal 4000 erreicht.
Das statische externe Magnetfeld wird durch einen Elektromagneten (Feldbereich: -50 Oe bis 17000 Oe, relative Genauigkeit der Feldregelung 3 mOe) erzeugt. Dieses statische Magnetfeld wird mit Hilfe der Modulationsspulen mit einem oszillierenden Magnetfeld (Stärke: 0.01 - 40 Oe, Frequenz: 100 kHz) überlagert. Das mit Lock-In Technik phasensensitiv gemessene Signal stellt daher die Ableitung des eigentlichen ESR-Signals nach dem statischen Magnetfeld dar (Abbildung 2.2). Diese Technik erlaubt eine erhebliche Signal-Rausch-Verbesserung. In der Diode wird der aus dem Resonator kommende, reflektierte Anteil der Mikrowellenstrahlung mit dem des Referenzarms überlagert und detektiert. Die Signalerfassung erfolgt mit dem Computer, einer Workstation von Typ Iris Indigo, wobei ein von Bruker entwickeltes Programm „Xepr" benutzt wird.

Zur Messung in dem Temperaturbereich von 4 K bis 300 K wurde ein Helium-Durchflußkryostat der Firma Oxford, ESR 900, verwendet. Hierbei wird das flüssige Helium mit Hilfe einer Pumpe aus dem Dewar durch den Kryostaten gepumpt. Die Probe befindet sich direkt im Helium-Strom, wobei das gasförmige Helium für $T > 4.2\,K$ mit Hilfe eines Heizdrahtes auf die gewünschte Temperatur gebracht wird. Dies geschieht vor der Probe in einem kleinen Reservoir, das mit einem Kupferblock verbunden ist, um Tempera-

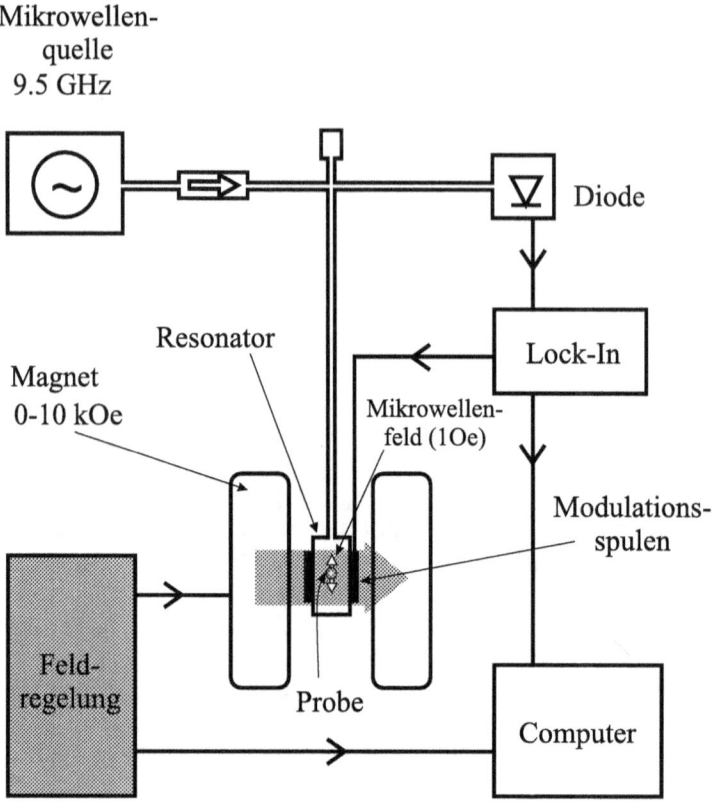

Abbildung 2.5: Schematischer Aufbau eines ESR-Spektrometers.

turschwankungen zu unterdrücken. Man erreicht so eine maximale Temperaturstabilität $\Delta T \lesssim 0.1$ K. Zur Regelung der Temperatur dient ein PID-Regler ITC 501 der Firma Oxford. Die Temperaturmessung erfolgt über ein Thermoelement mit flüssigem Stickstoff als Referenztemperatur.
Im Temperaturbereich von 120 K bis 670 K stand ein N_2-Durchflußkryostat ER4131VT der Firma Bruker zur Verfügung. Bei Temperaturen unterhalb von 300 K wird dazu flüssiger Stickstoff, oberhalb gasförmiger Stickstoff mit Hilfe einer Heizung, entsprechend der gewünschten Temperatur, erwärmt und strömt an der Probe vorbei.

Zur Durchführung von winkelabhängigen Messungen wurde ein Computer-

2.5 Experimenteller Aufbau

gesteuertes Goniometer verwendet, das die Rotation der Probe um eine Achse $\perp \vec{H}$ mit einer Genauigkeit von $\Delta\phi \lesssim 1°$ erlaubt.

Bei Messungen in flüssigem Helium oder Stickstoff wurden die Proben in ein kleines Röhrchen aus Suprasil-Glas gelegt und mit Paraffin fixiert. Bei hohen Temperaturen wurde dazu NaCl-Pulver benutzt. Das Glasröhrchen wurde am Ende eines Messingstabes befestigt und von oben in den Resonator eingeführt. Bei einigen Messungen der Winkelabhängigkeit war es aufgrund der Größe der Einkristalle nicht möglich, diese in ein Röhrchen zu bringen (Innendurchmesser ca. 1.6 mm). In diesem Fall wurden die Kristalle von außen auf ein speziell abgeflachtes Glasrohr mit GE Varnish (General Electrics) aufgeklebt.

Kapitel 3

Eigenschaften niedrigdimensionaler Spin-Systeme

Im folgenden Kapitel werden einige der relevanten theoretischen Modelle und Konzepte für niedrigdimensionale magnetische Systeme diskutiert. Niedrigdimensionale Systeme sind in der Festkörperphysik von besonderem Interesse: Einerseits vereinfachen sich viele theoretische Modelle in ein oder zwei Dimensionen und werden teilweise sogar algebraisch lösbar (so ist zum Beispiel der Grundzustand des Heisenberg-Antiferromagneten in einer Dimension und für S=1/2 schon 1931 von Bethe berechnet worden [Bet31]). Andererseits treten in niedrigdimensionalen Systemen interessante physikalische Phänomene auf, wie zum Beispiel der in 3.2 diskutierte Spin-Peierls-Übergang.

Unter niedrigdimensionalen magnetischen Verbindungen versteht man Verbindungen, in denen die Kopplung der magnetischen Momente ausschließlich in einer Richtung (1-dimensionale Systeme) oder in einer Ebene des Kristalls (2-dimensionale Systeme) erfolgt. Da in realen Verbindungen immer auch geringe Wechselwirkungen in anderen Richtungen stattfinden, spricht man hier von quasi-eindimensionalen bzw. quasi-zweidimensionalen Systemen. Die Bedingung für (quasi-)eindimensionale magnetische Wechselwirkung lautet dann $J_\parallel \gg J_\perp$, wenn $J_\parallel$ die Kopplungskonstante entlang einer Spinkette (oder -leiter) und $J_\perp$ die Kopplungskonstante senkrecht dazu ist (analog für zweidimensionale Systeme).

Die theoretischen Modelle zur Beschreibung der magnetischen Eigenschaften einer Verbindung lassen sich unterscheiden in Modelle für den Magnetismus

Eigenschaften niedrigdimensionaler Spin-Systeme

in Metallen und solche für den Magnetismus in Isolatoren oder Halbleitern. In Metallen wird der Magnetismus von den Elektronen verursacht, die zugleich für die Leitfähigkeit verantwortlich sind, beide Phänomene können nicht getrennt voneinander betrachtet werden (eine Ausnahme davon bilden allerdings die 4f- und 5f-Systeme, in denen zwei unterschiedliche Elektronensysteme für Magnetismus und Leitfähigkeit verantwortlich sind).
Das einfachste Modell zur Beschreibung von Metallen ist das Hubbard-Modell:

$$\mathcal{H}_{Hubbard} = \sum_{i,j,\sigma} T_{ij}\, c^{\dagger}_{i\sigma} c_{j\sigma} + \frac{1}{2} U \sum_{i,\sigma} n_{i,\sigma} n_{i,-\sigma} \qquad (3.1)$$

Dabei sind $c^{\dagger}_{i\sigma}$ und $c_{i\sigma}$ Erzeuger und Vernichter eines Elektrons mit Spin σ am Ort i und $n_{i,\sigma} = c^{\dagger}_{i\sigma} c_{i\sigma}$ die Besetzungszahloperatoren. Der erste Term beschreibt den Hüpfprozeß eines Elektrons vom Platz j auf den Platz i mit dem Hüpfmatrixelement T_{ij}. Der zweite Term berücksichtigt die Coulomb-Abstoßung U für den Fall der Doppelbesetzung eines Platzes i.
Bei Metallen handelt es sich in der Regel um sogenannte Bandmagnete, bei denen unterhalb der Ordnungstemperatur die Entartung der Bänder für unterschiedliche Spinstellungen aufgehoben und so eine Spinstellung energetisch günstiger wird.

Bei den im Rahmen dieser Arbeit untersuchten Vanadium-Verbindungen handelt es sich größtenteils um Isolatoren oder Halbleiter, die mit Hilfe des Heisenberg-Modells oder damit verwandten Modellen beschrieben werden können.
Die allgemeinste Form der Wechselwirkung zweier Spins läßt sich schreiben als:

$$\mathcal{H} = \vec{S}_i \bar{\bar{J}}_{ij} \vec{S}_j \qquad (3.2)$$

Diese Gleichung läßt sich vereinfachen, indem man auf die Hauptachsen des Tensors $\bar{\bar{J}}_{ij}$ transformiert:

$$\mathcal{H} = -\sum_{i,j} J_{ij} \left(\alpha S^x_i \cdot S^x_j + \beta S^y_i \cdot S^y_j + \gamma S^z_i \cdot S^z_j \right) \qquad (3.3)$$

Die Wechselwirkung zwischen den Spins wird dabei durch die Austauschkonstanten J_{ij} beschrieben. Es gilt die Konvention $J_{ij} > 0$: ferromagnetische Wechselwirkung, $J_{ij} < 0$: antiferromagnetische Wechselwirkung. Für $\alpha = \beta = \gamma = 1$ ergibt sich das Heisenberg-Modell:

$$\mathcal{H}_{Heisenberg} = -\sum_{i,j} J_{ij}\, \vec{S}_i \cdot \vec{S}_j \qquad (3.4)$$

Obwohl das Heisenberg-Modell im Gegensatz zum Hubbard-Modell nur lokalisierte Spins beschreibt, die miteinander wechselwirken, lassen sich auch hier nur wenige Probleme exakt lösen. Mermin und Wagner zeigten 1966, daß im eindimensionalen isotropen Heisenberg-Modell keine spontane Magnetisierung (und damit kein Übergang in eine magnetisch geordnete Phase) auftritt [Mer66]. In zwei Dimensionen wird dagegen ein magnetisch geordneter Grundzustand vorhergesagt [Man91].
Berücksichtigt man die Möglichkeit von anisotropem Austausch, so erhält man zwei weitere oft verwendete Modelle: das Ising-Modell und das XY-Modell.
Das Ising-Modell erhält man aus Gleichung 3.3 unter der Annahme $\gamma = 1$ und $\alpha = \beta = 0$:

$$\mathcal{H}_{Ising} = -\sum_{i,j} J_{ij} \left(S_i^z \cdot S_j^z \right) \quad (3.5)$$

Das Ising-Modell ist wegen der großen Anzahl exakt lösbarer Probleme von besonderer Bedeutung. So ist es in einer und zwei Dimensionen exakt lösbar, wenn nur Wechselwirkungen zwischen nächsten Nachbarn berücksichtigt werden. Es konnte gezeigt werden, daß in einer Dimension kein Phasenübergang bei endlicher Temperatur stattfindet. In zwei und drei Dimensionen findet ein Phasenübergang zweiter Ordnung in eine magnetisch geordnete Phase statt [Gri64].
Das XY-Modell dagegen folgt aus Gleichung 3.3 für $\alpha = \beta = 1$ und $\gamma = 0$.

3.1 Eigenschaften von Spinketten und Spinleitern

Bei der in dieser Arbeit schwerpunktmäßig untersuchten Verbindung NaV_2O_5 handelt es sich um eine quasi-eindimensionale Verbindung, deren magnetische Struktur als viertel gefüllte Spin-Leiter beschreiben werden kann (siehe Kapitel 4.2). Wie von Seo et al. gezeigt wurde, läßt sich ein solches System auf eine einfache, halbgefüllte Spinkette zurückführen [Seo98].
Im folgenden sollen daher einige der theoretischen Ergebnisse für Spinketten und Spinleitern vorgestellt werden.

3.1.1 Spinketten

Zur Beschreibung realer eindimensionaler magnetischer Systeme (oder quasi-eindimensionaler) wird in den meisten Fällen das Heisenberg-Modell verwen-

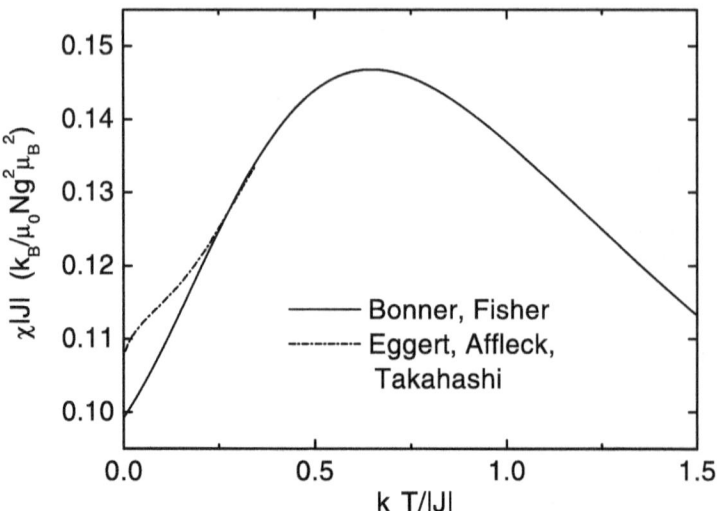

Abbildung 3.1: Suszeptibilität einer $S = 1/2$-Heisenberg-Spinkette mit antiferromagnetischer Kopplung $J < 0$ nach [Bon64] bzw. [Egg94].

det. Da es jedoch nur wenige exakte Lösungen liefert, werden Näherungsmethoden verwendet. Als zusätzliche Vereinfachung werden oft nur Wechselwirkungen zwischen benachbarten Spins berücksichtigt. Mit Gleichung 3.4 ergibt sich der Hamilton-Operator einer Spinkette im Magnetfeld $\vec{H}$ als:

$$\mathcal{H} = -J \sum_i^N \vec{S}_i \cdot \vec{S}_{i+1} - g\mu_B \sum_i^N \vec{H} \cdot \vec{S}_i \qquad (3.6)$$

Dabei steht J als Abkürzung für $J_{i,i+1}$.[1]

Die wichtigsten magnetischen und thermodynamischen Eigenschaften einer Heisenberg-Spinkette aus Spins mit S=1/2 wurden zuerst 1964 von J. C. Bonner und M. E. Fisher berechnet [Bon64]. Sie gingen dabei von einer Spinkette aus bis zu 11 Spins mit periodischen Randbedingungen aus und extrapolierten für $n \to \infty$. Die so gefundenen Ergebnisse gelten exakt im Temperaturbereich $k_B T/|J| \geq 0.5$.
Die Suszeptibilität einer antiferromagnetischen $S = 1/2$-Heisenberg-Spinket-

---

[1] In der Literatur wird an Stelle des ersten Terms auch oft die Definition $-2J \sum \vec{S}_i \cdot \vec{S}_{i+1}$ verwendet.

3.1 Eigenschaften von Spinketten und Spinleitern

te läßt sich nach diesen Ergebnissen annähern mit:

$$\chi(x) = \frac{\mu_0 N g^2 \mu_B^2 x}{|J|} \frac{0.25 + 0.074975x + 0.075235x^2}{1 + 0.9931x + 0.172135x^2 + 0.757825x^3}, \quad (3.7)$$

mit der Abkürzung $x = |J|/(kT)$.
Diese Ergebnisse wurden durch Rechnungen von S. Eggert, I. Affleck und M. Takahashi ergänzt, die 1994 mit Hilfe des Bethe-Ansatzes und feldtheoretischen Methoden die Suszeptibilität bei tiefen Temperaturen ($T \lesssim 0.25\, J/k_B$) genauer bestimmten [Egg94]. In diesem Bereich weicht das exakte Ergebnis von dem von Bonner und Fisher berechneten Verhalten ab. Oberhalb von etwa $T > 0.25\, J/k_B$ werden beide Ergebnisse durch Gleichung 3.7 beschrieben.
Der Verlauf der Suszeptibilität ist in Abbildung 3.1 gezeigt. Die Kurve zeigt ein Maximum bei einer Temperatur von $T \approx 0.6408\, J/k_B$, der Wert der Suszeptibilität im Maximum beträgt

$$\chi_{max} = \frac{0.147 \mu_0 N g^2 \mu_B^2}{|J|}. \quad (3.8)$$

Die genauere Rechnung von Eggert, Affleck und Takahashi zeigt, daß die Steigung der Suszeptibilität für $T \to 0$ unendlich wird.

Bonner und Fisher berechneten darüber hinaus den Verlauf des magnetischen Anteils der spezifischen Wärme einer $S = 1/2$-Heisenberg-Spinkette. Auch diese Kurve durchläuft ein Maximum (siehe Abbildung 3.2). Es gilt:

$$\frac{C_{max}}{Nk_B} \approx 0.350 \quad \text{und} \quad \frac{k_B T_{max}}{|J|} \approx 0.962 \quad (3.9)$$

Bei tiefen Temperaturen erwartet man ein lineares Verhalten in der spezifischen Wärme:

$$C(T) \approx 0.35 N k_B \frac{k_B T}{|J|} \quad (3.10)$$

Über das Verhalten von Spinketten aus Spins $S \geq 1/2$ wurde 1983 von F. D. M. Haldane vorhergesagt, daß Ketten mit ganzzahligem Spin eine Energielücke aufweisen sollten, während solche mit halbzahligem Spin keine Energielücke besitzen [Hal83]. Die Größe dieser Energielücke nimmt mit zunehmender Größe des Spins ab ($\Delta(S = 1) = 0.4105|J|$ [Whi93], $0.049|J| \leq \Delta(S = 2) \leq 0.085|J|$ [Yam95]).

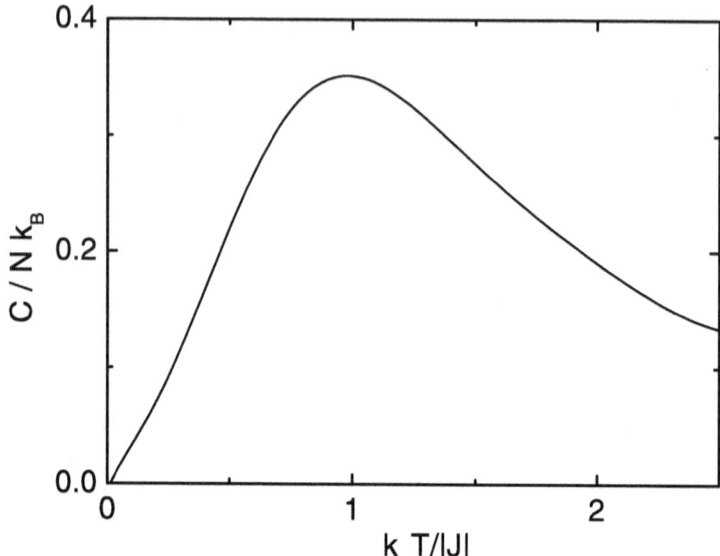

Abbildung 3.2: Magnetischer Anteil der spezifischen Wärme einer $S = 1/2$-Heisenberg-Spinkette mit antiferromagnetischer Kopplung $J < 0$ nach [Bon64].

Der Einfluß von Frustration

Bei allen bisher vorgestellten Ergebnissen für Spinketten wurden nur Wechselwirkungen zwischen benachbarten Spins berücksichtigt. Wird zusätzlich eine (ebenfalls antiferromagnetische) Wechselwirkung der Spins mit ihren übernächsten Nachbarn berücksichtigt, dann wird der Hamilton-Operator (Gleichung 3.6) entsprechend erweitert:

$$\mathcal{H} = -J_1 \sum_i^N \vec{S}_i \cdot \vec{S}_{i+1} - J_2 \sum_i^N \vec{S}_i \cdot \vec{S}_{i+2} - g\mu_B \sum_i^N \vec{H} \cdot \vec{S}_i \quad (3.11)$$

Die Wechselwirkungen zwischen benachbarten Spins, vermittelt durch J_1, und zwischen übernächsten Nachbarn (J_2) konkurrieren miteinander. Es entsteht Frustration, die durch das Verhältnis $\alpha = J_2/J_1$ beschrieben werden kann. Dieses Modell wurde mit analytischen und numerischen Methoden untersucht [Hal82, Aff89, Oka92, Egg96] und erfolgreich auf die Verbindung $CuGeO_3$ (das erste anorganischen Spin-Peierls-System, siehe Abschnitt 3.2) angewandt [Rie95, Cas95]. Das Verhalten einer Spinkette mit Frustration

3.1 Eigenschaften von Spinketten und Spinleitern

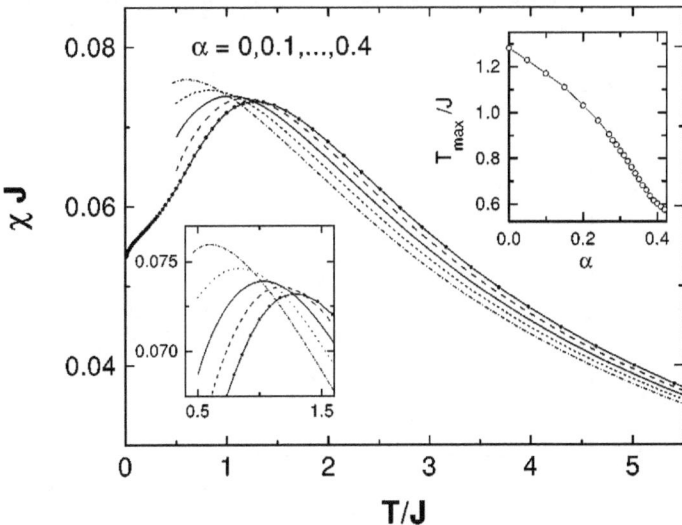

Abbildung 3.3: Verlauf der Suszeptibilität für verschiedene α aus [Fab98]. $J = J_1$ ist die Wechselwirkung zwischen benachbarten Spins. Die durchgezogene Kurve entspricht $\alpha = 0$ [Klü93]. Das kleine Bild oben rechts zeigt die Verschiebung des Maximums der Suszeptibilität in Abhängigkeit von α, das Bild links stellt den Verlauf der Kurven in der Nähe des Maximums vergrößert dar.

ähnelt dem der nicht-frustrierten Spinkette mit $\alpha = 0$, wenn der Wert von α kleiner als ein kritischer Wert $\alpha_c = 0.241167$ [Egg96] ist. Abbildung 3.3 zeigt den Verlauf der Suszeptibilität für verschiedene α nach numerischen Rechnungen von Fabricius et al. [Fab98]. Das Maximum der Suszeptibilität verschiebt sich mit zunehmendem α zu tieferen Temperaturen (kleines Bild oben rechts in Abbildung 3.3), und der Wert der Suszeptibilität im Maximum nimmt zu.

Ein ähnliches Verhalten beobachtet man in dem magnetischen Anteil der spezifischen Wärme. Auch hier wird das Maximum mit zunehmender Frustration zu tiefen Temperaturen hin verschoben, allerdings verringert sich zugleich der Maximalwert der spezifische Wärme. Die Entropie bei tiefen Temperaturen steigt folglich mit zunehmendem α stark an [Fab98].

Wenn die Frustration den kritischen Wert α_c übersteigt, bildet sich eine Spin-

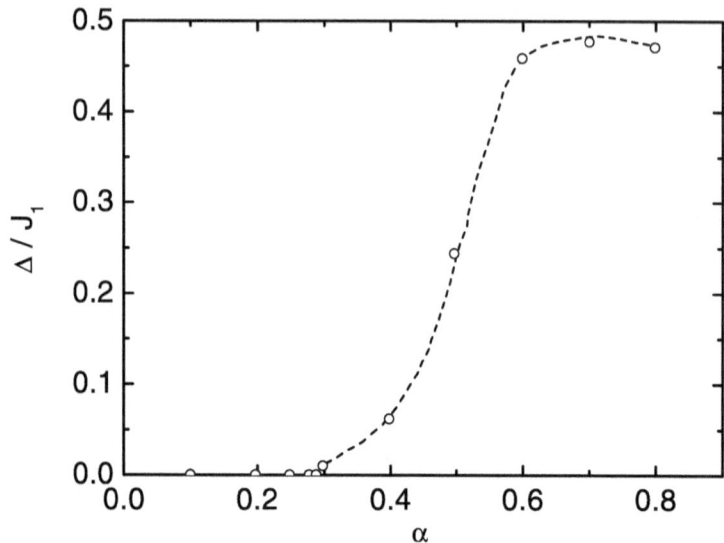

Abbildung 3.4: Abhängigkeit der Spin-Anregungslücke Δ von der Frustration α. Aus [Chi95].

Anregungslücke Δ, die sich mit zunehmendem α vergrößert und bei $\alpha \simeq 0.7$ ein Maximum [Chi95] erreicht (Abbildung 3.4).

3.1.2 Spinleitern

Spinleitern wurden vielfach untersucht, um den Übergang von eindimensionalen Spinketten zu einem zweidimensionalen Antiferromagnet zu erklären. Während im eindimensionalen Fall starke quantenmechanische Fluktuationen eine langreichweitige magnetische Ordnung verhindern, ist diese in zweidimensionalen Systemen möglich. Die numerische Untersuchung von Spinleitern, gebildet aus n miteinander verbundenen Ketten, ergab jedoch, daß dieser Übergang nicht stetig verläuft. Ähnlich wie im Fall von ganzzahligen und halbzahligen Spinketten weisen Leitern aus einer geraden Anzahl von Ketten eine Energielücke zwischen dem Grundzustand (Singulett) und dem ersten angeregten Zustand (Triplett) auf, während dies bei Leitern mit ungerader Kettenanzahl nicht der Fall ist.

Spinleitern mit gerader Kettenanzahl haben einen sogenannten „Spin-Flüssigkeits-Grundzustand", d. h. in diesen Systemen treten nur kurzreichweitige Spinkorrelationen auf. Die Größe der Energielücke nimmt mit zunehmender

3.1 Eigenschaften von Spinketten und Spinleitern

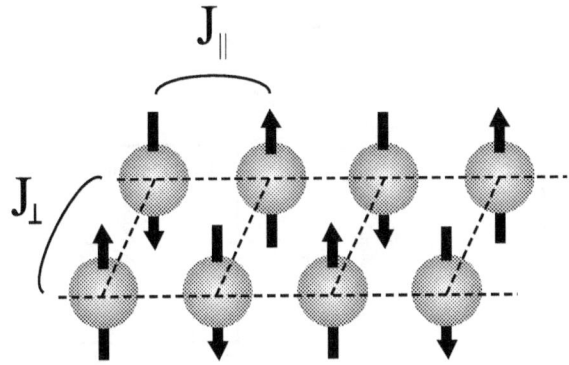

Abbildung 3.5: Modell einer Spinleiter aus zwei Spinketten.

Kettenanzahl n_L pro Leiter ab (für $n_L \to \infty$ gilt $\Delta \to 0$ im zweidimensionalen Fall). Ein Überblick über das Verhalten von Spinleitern gibt [Dag96].

Das einfachste Modell einer Heisenberg-Leiter aus zwei Spinketten läßt sich mit folgendem Hamilton-Operator beschreiben:

$$\mathcal{H}_L = -J_\| \sum_{(i,j)_\|} \vec{S}_i \cdot \vec{S}_j - J_\perp \sum_{(i,j)_\perp} \vec{S}_i \cdot \vec{S}_j \qquad (3.12)$$

Es wird jeweils über Paare benachbarter Spins summiert, $(i, j)_\|$: entlang der Kette, $(i, j)_\perp$: entlang einer „Leitersprosse". Entsprechend sind $J_\|$ und $J_\perp$ die Kopplungskonstanten parallel und senkrecht zu den Ketten. Abbildung 3.5 veranschaulicht dieses Modell.
Der Grenzfall $J_\perp \to 0$ führt zu isolierten Ketten, während sich im Grenzfall $J_\| \to 0$ isolierte Dimere bilden. M. Troyer et al. berechneten mit Hilfe verschiedener Näherungsverfahren die Größe der Energielücke, sowie den Verlauf der Suszeptibilität, der spezifischen Wärme und der NMR-Relaxationsrate $1/T_1$ für den Fall $J_\perp \geq J_\|$ [Tro94].
In Störungsrechnung zweiter Ordnung für kleine $J_\|$ erhielten Troyer et al. folgenden Zusammenhang für die Abhängigkeit der Energielücke von $J_\|$ und $J_\perp$:

$$\Delta \approx J_\perp - J_\| + \frac{1}{2} J_\|^2 / J_\perp \qquad (3.13)$$

38 Eigenschaften niedrigdimensionaler Spin-Systeme

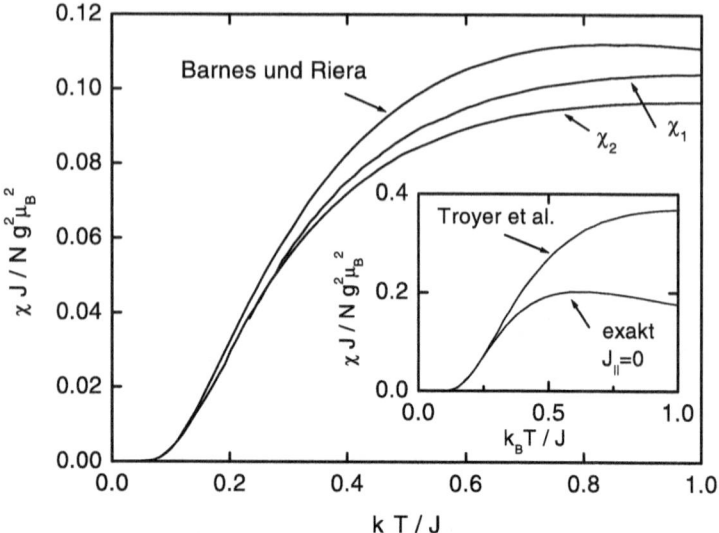

Abbildung 3.6: Suszeptibilität einer isotropen Spinleiter; χ_1 und χ_2 wurden mit Hilfe der Näherungsformel 3.14 von Troyer et al. [Tro94] für verschiedene Werte von γ und Δ berechnet, die andere Kurve zeigt numerische Ergebnisse von Barnes und Riera [Bar94]. Inset: Vergleich der Näherungsformel von Troyer et al. mit dem exakten Ergebnis für isolierte Dimere. Nach [Joh96].

Im isotropen Fall $J_\perp = J_\parallel$ ergibt sich daraus $\Delta \approx J_\perp/2$, was sehr gut mit numerischen Rechnungen übereinstimmt (White et al. fanden mit Renormalisierungsgruppen-Theorie $\Delta \approx 0.504 J_\perp$ [Whi94]).

Die Suszeptibilität läßt sich nach Troyer et al. bei tiefen Temperaturen ($T \ll \Delta$) und unter der Voraussetzung eines quadratischen Verlaufs der Magnonendispersion schreiben als:

$$\chi(T) = \frac{Ng^2\mu_B^2}{2\sqrt{\pi\gamma k_B T}} e^{-\Delta/k_B T}, \tag{3.14}$$

wobei eine Magnonendispersion der Form $\epsilon(ka) = \Delta + \xi(Dka)^2$ angenommen wird.
Bei hohen Temperaturen wird die Suszeptibilität gut von folgender Reihenentwicklung beschrieben:

$$\chi(T) \propto \frac{1}{4}T^{-1} - \frac{1}{8}(J_\parallel + \frac{1}{2}J_\perp)T^{-2} + \frac{3}{64}J_\parallel J_\perp T^{-3} \tag{3.15}$$

3.1 Eigenschaften von Spinketten und Spinleitern

Die von Troyer et al. für tiefe Temperaturen angegebene Näherungsformel stimmt im isotropen Fall $J_\perp = J_\parallel$ sehr gut mit exakten Berechnungen von Barnes und Riera überein [Bar94] (selbst bei Temperaturen von $k_B T \simeq \Delta$ sind die Abweichungen $\lesssim 10\%$, siehe Abbildung 3.6). Im Grenzfall $J_\parallel \to 0$ zeigen sich allerdings erhebliche Abweichungen von dem exakt bekannten Ergebnis für isolierte Dimere (Abbildung 3.6, Inset):

$$\chi_{Dimer}(T) = \frac{Ng^2\mu_B^2}{k_B T}\frac{e^{-\Delta/k_B T}}{1+3e^{-\Delta/k_B T}} \qquad (3.16)$$

Die spezifische Wärme einer Spinleiter zeigt bei tiefen Temperaturen aufgrund der Energielücke ebenfalls einen exponentiellen Verlauf [Tro94]:

$$C(T) \propto \frac{3}{4}\frac{\Delta^2 k_B T^{1/2}}{(\pi a)^3} \cdot [1 + \frac{k_B T}{\delta} + \frac{3}{4}(\frac{k_B T}{\delta})^2] \cdot e^{-\Delta/k_B T} \qquad (3.17)$$

(unter denselben Voraussetzungen wie bei Gleichung 3.14).
Auch in der Kernspinrelaxationsrate $1/T_1$ erwartet man eine exponentielle Temperaturabhängigkeit:

$$\frac{1}{T_1} \propto e^{-\Delta/k_B T}(0.80908 - \ln(\omega_0/T)) \qquad (3.18)$$

im Temperaturbereich $\omega_0 \approx 3\text{mK} \ll T \ll \Delta$ [Tro94].

Die bisher zitierten Ergebnisse gelten nur für den Fall einer vernachlässigbar kleinen Kopplung zwischen den Spinketten oder Leitern. Ein von D. C. Johnston 1996 vorgeschlagenes Verfahren zur Analyse der Suszeptibilität erlaubt eine Abschätzung dieser zusätzlichen Kopplung für eine beliebige Anordnung von Spins S=1/2 im Heisenberg-Modell [Joh96]. Es werden nur Wechselwirkungen benachbarter Spins berücksichtigt.
Dazu wird eine effektive magnetische Koordinationszahl z_{eff} eingeführt:

$$z_{\text{eff}} = \frac{1}{J^{\max}}\sum_j J_{ij}, \qquad (3.19)$$

wobei $J^{\max} = \max(J_{ij})$. Nach Ergebnissen der Molekularfeldtheorie gilt dann für das Maximum der Suszeptibilität $\chi^{\max}$:

$$\frac{J^{\max}\chi^{\max}z_{\text{eff}}}{Ng^2\mu_B^2} = \frac{1}{2} \qquad (3.20)$$

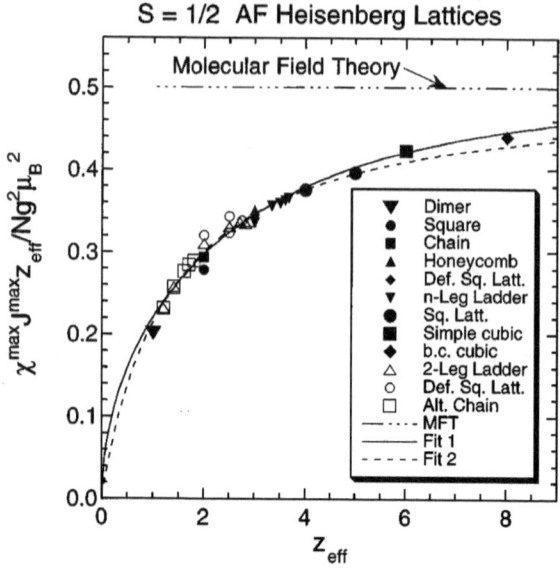

Abbildung 3.7: Berechnete Maxima der Suszeptibilität χ^{max} für verschiedene Anordnungen von $S = 1/2$ Heisenberg-Spins (Dimer = isolierte Dimere, Square = quadratische Spinanordnung, Chain = lineare Kette, Honeycomb. = zweidim. hexagonale Anordnung, def. sq. latt. = zweidim. quadratisches Gitter mit regelmäßigen Lücken wie in CaV$_4$O$_9$, vgl. Abbildung 4.1, n-leg ladder = Leiter aus n Ketten, sq. lattice = zweidim. quadratisches Gitter, simple cubic = dreidim. kubisches Gitter, b. c. cubic = dreidim. kubisch raumzentriertes Gitter, alt. chain= alternierende Spinkette), die offenen Symbole stehen für anisotrope Systeme, die ausgefüllten für isotrope ($J_{ij} = J$ für alle i, j). Aus [Joh96].

Da im Rahmen der Molekularfeldtheorie Fluktuationen vernachlässigt werden, erwartet man eine umso größere Abweichung von diesem Zusammenhang, je stärker diese Fluktuationen werden, d. h. je kleiner die Dimension des betrachteten Systems (kleine z_{eff}) oder je kleiner der Spin S ist (siehe Abbildung 3.7). Es zeigt sich dennoch eine systematische Abhängigkeit des linken Teils von Gleichung 3.20 von z_{eff}. Für Systeme mit $S = 1/2$ [Joh96] ergibt sich folgender Zusammenhang (Fit 1 in Abbildung 3.7):

$$\frac{J^{max}\chi^{max}z_{eff}}{Ng^2\mu_B^2} = \frac{1}{2}\tanh(0.477(z_{eff})^{0.521}) \qquad (3.21)$$

3.2 Spin-Peierls-Übergang

Wenn von einer isolierten Spinanordnung (Spinkette, Spinleiter, ...) mit $z_{\text{eff}} = z_0$ die Suszeptibilität $\chi_0(T)$ bekannt ist, dann kann die Suszeptibilität des wechselwirkenden Systems $\chi(T)$ angenähert werden mit:

$$\chi(T) = \frac{\chi_0(T)}{1 + 2(z_{\text{eff}} - z_0)[\chi_0(T)J^{\max}/Ng^2\mu_B^2]}. \tag{3.22}$$

Zur Überprüfung dieser ebenfalls aus der Molekularfeldtheorie stammenden Gleichung kann man sie in dieselbe Form bringen wie Gleichung 3.21. Es zeigt sich eine gute Übereinstimmung mit den Datenpunkten in Abbildung 3.7 (Fit 2).
Mit Hilfe von Gleichung 3.22 läßt sich aus dem Verlauf der Suszeptibilität der Parameter $z_{\text{eff}} - z_0$ bestimmen, der ein Maß für die Wechselwirkung der Spinketten oder -leitern (oder anderer Spinanordnungen) untereinander darstellt.

3.2 Spin-Peierls-Übergang

Eindimensionale Metalle sind, wie bereits 1955 von R. E. Peierls [Pei55] postuliert wurde, instabil gegenüber einer Gitterverzerrung mit dem Wellenvektor $2k_f$. Eine solche Gitterverzerrung erzeugt eine Energielücke an der Fermi-Energie, wodurch die Energie der Elektronen unterhalb der Fermi-Energie abgesenkt wird. Der daraus resultierende Energiegewinn kompensiert die für die Gitterverzerrung benötigte elastische Energie.
E. Pytte zeigte später, daß analog dazu in eindimensionalen antiferromagnetischen Ketten ein ähnlicher Phasenübergang stattfinden kann, der sog. Spin–Peierls–Übergang [Pyt74]. Unterhalb einer Ordnungstemperatur T_{SP} kommt es zu einer temperaturabhängigen Dimerisierung der Spins, bei der der Abstand zweier benachbarter Spins S_i und S_{i+1} auf Kosten des Abstands zu den an das Dimer angrenzenden Spins S_{i-1} und S_{i+2} verringert wird (siehe Abbildung 3.8). Die Dimere bilden einen Singulett-Grundzustand mit $S = 0$ und es entsteht eine Spinanregungslücke Δ. Die Suszeptibilität einer $S = 1/2$-Spinkette mit alternierendem Austausch (mit konstantem Alternierungsparameter γ) wurde zuerst 1968 von W. Duffy und K. P. Barr numerisch für bis zu 10 Spins mit periodischen Randbedingungen bestimmt [Duf68]. Die Ergebnisse können analog zu Gleichung 3.7 dargestellt werden [Hal81]:

$$\chi(x) = \frac{\mu_0 N g^2 \mu_B^2 x}{|J|} \frac{A + Bx + Cx^2}{1 + Dx + Ex^2 + Fx^3}, \tag{3.23}$$

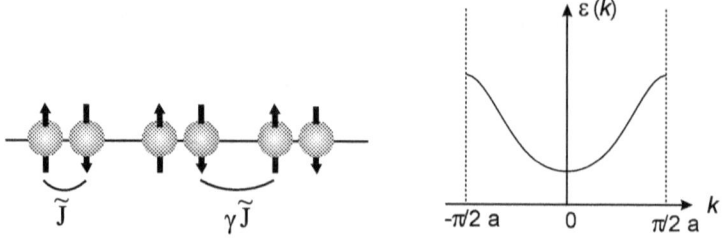

Abbildung 3.8: links: dimerisierte Spinkette mit alternierendem Austausch $\tilde{J}$, $\gamma\tilde{J}$; rechts: Spin-Anregungsspektrum einer dimerisierten Spinkette.

Dabei sind die Parameter B bis F Funktionen des Alternierungsparameters γ:

$A = 0.25$

$B = -0.062935 + 0.11376\gamma$

$C = 0.0047778 - 0.033268\gamma + 0.12742\gamma^2 - 0.32918\gamma^3 + 0.25203\gamma^4$

$D = 0.053860 + 0.70960\gamma$

$E = -0.00071302 - 0.10587\gamma + 0.54883\gamma^2 - 0.20603\gamma^3$

$F = 0.047193 - 0.0083778\gamma + 0.87256\gamma^2 - 2.7098\gamma^3 + 1.9798\gamma^4$

1969 wurde die Suszeptibilität einer alternierenden Spinkette von L. N. Bulaevskii mit Hilfe einer Hartree-Fock-Näherung angegeben [Bul69]:

$$\chi(T) = \frac{g^2\mu_B^2}{\tilde{J}} \frac{\alpha(\gamma)}{T} e^{-(\tilde{J}\cdot\Delta(\gamma))/T} \qquad (3.24)$$

Dabei sind die Größe der Energielücke[2] $\Delta(\gamma)$ und der Amplitudenfaktor $\alpha(\gamma)$ abhängig vom Alternierungsparameter γ. J. W. Bray et al. erweiterten dieses Modell für Spin-Peierls-Systeme, indem sie eine Temperaturabhängigkeit des Parameters γ zuließen [Bra75]. Das Modell beschreibt alle auftretenden Wechselwirkungen (Spin-Spin und Spin-Gitter) mit Hilfe einer Molekularfeld-Näherung, so daß viele aus anderen Anwendungen der Molekularfeldtheorie (wie zum Beispiel der BCS-Theorie für Supraleiter) bekannte Zusammenhänge übertragen werden können. Man erwartet einen Phasenübergang zweiter Ordnung, der bei einer Temperatur:

$$T_{SP} = 2.28 p(T)\, J\, e^{-1/\lambda} \qquad (3.25)$$

---

[2] Δ und J sind im folgenden in Einheiten von k_B angegeben.

3.2 Spin-Peierls-Übergang

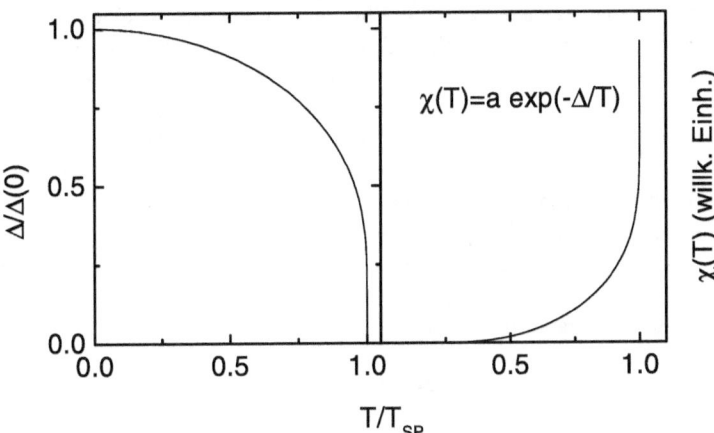

Abbildung 3.9: Verlauf der Energielücke $\Delta(T)/\Delta(0)$ mit der Temperatur T/T_{SP} in Rahmen der Molekularfeldtheorie und der daraus berechneten Suszeptibilität.

stattfindet (unter der Voraussetzung schwacher Kopplung). Dabei ist J der mittlere Austausch und es gilt $\tilde{J} + \gamma \tilde{J} = 2J$. Der Parameter $p(T)$ ist in dem interessanten Temperaturbereich $T < T_{SP} \ll J$ nahezu konstant und kann durch $p(0) = 1.637$ ersetzt werden. Der Parameter λ beschreibt die Stärke der Elektron-Phonon-Kopplung. Für den Zusammenhang zwischen Energielücke und Übergangstemperatur gilt:

$$2\Delta(0)/T_{SP} = 3.53 \qquad (3.26)$$

Die Temperaturabhängigkeit der Energielücke folgt dem aus der BCS-Theorie bekannten Verlauf (siehe Abbildung 3.9). Die Suszeptibilität läßt sich dann ebenfalls darstellen als:

$$\chi(T) \propto e^{-(\Delta(T)/T)} \qquad (3.27)$$

Der Grad der Dimerisierung $\delta(T) = (1-\gamma)/(\gamma+1)$ kann aus dem Wert der Energielücke ermittelt werden:

$$\delta(T) = \Delta(T)/pJ \qquad (3.28)$$

Die Theorie der Spin-Peierls-Systeme wurde 1979 von M. C. Cross und D. S. Fisher [Cro79b] über den Rahmen einer Molekularfeldtheorie hinaus erweitert. Dabei werden zwar die Phononen weiterhin in einer Molekularfeldnäherung behandelt, die Spin-Spin-Wechselwirkungen dagegen werden exakt berücksichtigt. Das Ziel dieses Ansatzes war es, die in einem eindimensionalen System zu erwartenden quantenmechanischen Fluktuationen besser zu berücksichtigen. Die Ergebnisse dieser Methode zeigten, daß trotz der Vernachlässigung dieser Fluktuationen in der Molekularfeldbeschreibung die charakteristischen Eigenschaften des Phasenübergangs richtig erfaßt werden. Das Verhalten der Suszeptibilität, der spezifischen Wärme und anderer Größen bleibt weitgehend unverändert. Allerdings ergaben die Berechnungen von Cross und Fisher eine andere Abhängigkeit der Übergangstemperatur von dem Kopplungsparameter λ:

$$T_{SP} = 0.8\, J\, \lambda \qquad (3.29)$$

Diese lineare Abhängigkeit führt, verglichen mit dem exponentiellen Zusammenhang der Molekularfeldtheorie, zu einer Überschätzung des Kopplungsparameters, wenn dieser nach Gleichung 3.25 bestimmt wird. Ein weiterer Unterschied besteht in der Abhängigkeit der Energielücke Δ von der Dimerisierung δ (siehe Gleichung 3.28):

$$\Delta(T) \propto \delta(T)^{2/3} J^{1/3} \qquad (3.30)$$

Eine weitere wichtige Eigenschaft von Spin-Peierls-Systemen ist das Verhalten im Magnetfeld. Wie bereits von M. C. Cross 1979 berechnet, zeigen diese Systeme ein universelles Phasendiagramm in H/T_{SP} gegen T/T_{SP}([Cro79a], siehe Abbildung 3.10 für CuGeO$_3$). Bringt man ein Spin-Peierls-System in ein von außen angelegtes Magnetfeld, so wird die Übergangstemperatur unterdrückt ([Bul78],[Cro79a]):

$$\frac{T_{SP}(H)}{T_{SP}(0)} - 1 = -\alpha \left[\frac{g_i \mu_B H}{2 k_B T_{SP}(0)} \right]^2 \qquad (3.31)$$

Bei hohen Magnetfeldern tritt außerdem eine inkommensurable Phase auf. Nach einem Vorschlag von J. Zeeman et al. wird eine bessere Übereinstimmung bei einer Skalierung H/Δ gegen T/T_{SP} erreicht [Zem99].

Experimentell wurde der erste Spin-Peierls-Übergang 1975 in einer organischen Verbindung, TTF-CuBDT [3] beobachtet [Bra75], weitere organische Spin-Peierls-Systeme wurden in den folgenden Jahren gefunden ([Jac76], [Hui79]). 1993 wurde mit CuGeO$_3$ die erste anorganische Substanz mit Spin-Peierls-Übergang gefunden [Has93]. Diese Beobachtung initiierte zahlreiche

---

[3]Tetrathiafulvalen-bis-cis-(1,2-perfluoro-methylen-ethylen-1,2-dithiolat)Kupfer

3.2 Spin-Peierls-Übergang

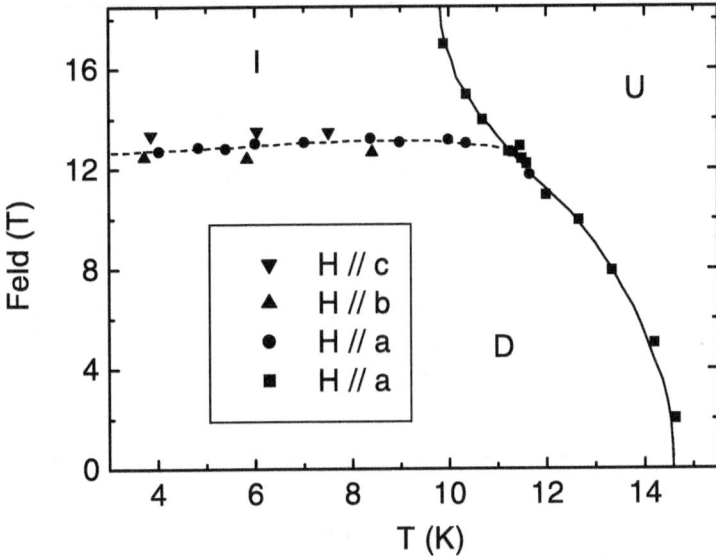

Abbildung 3.10: Universelles Magnetfeld-Temperatur-Phasendiagramm nach der Theorie von Cross und Fisher [Cro79a] mit den Phasen U (uniform, keine Dimerisierung), D (dimerisiert) und I (inkommensurable Ordnung). Die durchgezogene Linie repräsentiert einen Phasenübergang zweiter Ordnung, die gestrichelte einen erster Ordnung. Die Datenpunkte zeigen Messungen an $CuGeO_3$, nach [Bou96].

experimentelle Untersuchungen, da es, im Gegensatz zu den organischen Systemen, möglich war, große, qualitativ hochwertige Einkristalle herzustellen (Ein Überblick über die experimentellen Ergebnisse an $CuGeO_3$ findet sich in [Bou96]).

Ein weiterer Vorteil anorganischer Systeme liegt in der Möglichkeit, sie zu dotieren und damit strukturelle Parameter, wie Bindungslängen und -winkel direkt zu beeinflussen. In $CuGeO_3$ beobachtet man schon bei geringer Dotierung mit Zn [Büc99], Mg [Aji95], Ni, Mn [Ose95] oder Si [Ren95] das Einsetzen von antiferromagnetischer Ordnung und eine deutliche Unterdrückung von T_{SP} (Abbildung 3.11).

Die magnetische Ordnung läßt sich mit der Existenz von Frustration, deren Rolle in nicht–dimerisierten Spinketten in Abschnitt 3.1.1 bereits angesprochen wurde, erklären. Für $CuGeO_3$ wurden anhand von Suszeptibilitätsmessungen verschiedene Kombinationen von α und J_1 vorgeschlagen:

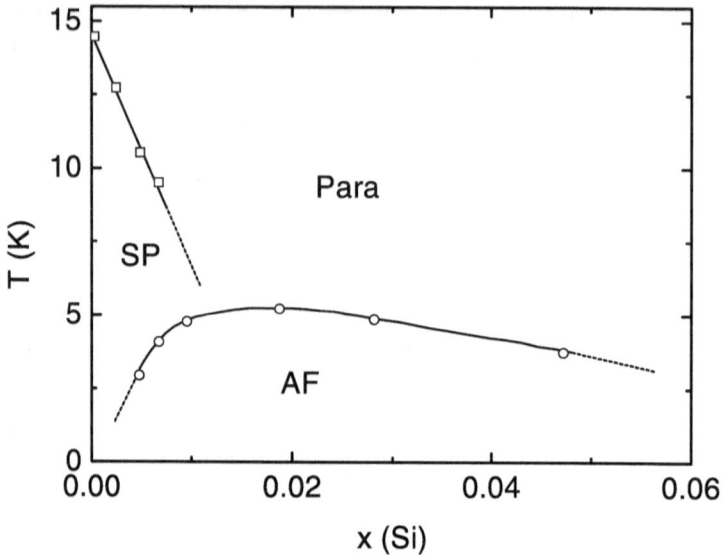

Abbildung 3.11: Phasendiagramm von Si-dotiertem CuGeO$_3$ (Para: paramagnetische Phase, ohne Dimerisierung; SP=Spin-Peierls, dimerisierte Phase; AF= Antiferomagnetismus), nach [Ren95]

$(\alpha, J_1) = (0.24, 75\,\text{K})$ [Cas95] und $(\alpha, J_1) = (0.36, 80\,\text{K})$ [Rie95, Fab98].
Eine dimerisierte Spinkette mit $\alpha \leq \alpha_c$ verhält sich ähnlich wie im Fall $\alpha = 0$. Die oben beschriebene Theorie für Spin-Peierls-Systeme gilt mit geringen Änderungen weiterhin (das Phasendiagramm $H(T)$ in Abbildung 3.10 bleibt unverändert, und für die Energielücke gilt, für kleine δ, $\Delta \propto \delta^{2/3}$ nach der Theorie von Cross und Fisher). Erst wenn die Frustration den kritischen Wert α_c erreicht, ändert sich dieses Verhalten. Die Energielücke ist dann direkt proportional zur Dimerisierung $\Delta \propto \delta$ [Cas95].
Das Verhalten einer Spinkette mit Dimerisierung und Frustration wurde ausführlich von Chitra et al. [Chi95] untersucht. Sie fanden für $2\alpha + \delta < 1$ eine kurzreichweitige antiferromagnetische Ordnung, charakterisiert durch ein Maximum des (statischen) Strukturfaktors $S(q)$ bei $q = \pi$, als Grundzustand des Systems. Im klassischen Grenzfall $S \to \infty$ tritt langreichweitige antiferromagnetische Ordnung auf. Für $2\alpha + \delta > 1$ verschiebt sich das Maximum von $S(q)$ zu $q_{\max} < \pi$ ($q_{\max} \to \pi/2$ für große α). Dies wird als Anzeichen für eine spiralförmige Ordnung interpretiert.

Kapitel 4

Physik der Vanadium–Oxide

Die Verbindungen des Übergangsmetalls Vanadium zeichnen sich durch eine besondere Vielfalt physikalischer Eigenschaften aus. Besonderes Interesse findet dabei seit langem der Metall-Isolator-Übergang in dem System V_2O_3. Es zeigt bei 150–170 K einen Phasenübergang erster Ordnung von einem paramagnetischen Metall zu einem antiferromagnetischen Isolator [Föe46, Moo70]. Dabei wurden Sprünge in der Leitfähigkeit von bis zu 10 Größenordnungen beobachtet [Lau76]. V_2O_3 gilt als Modellsystem für einen Mott-Hubbard-Isolator.
In den Magnéli-Phasen V_nO_{2n-1} ($3 \leq n \leq 8$) tritt dagegen (mit Ausnahme des V_7O_{13}) ein Phasenübergang von einer metallischen Hochtemperaturphase zu einem Halbleiter auf. Unterhalb dieser Übergangstemperatur findet man einen zweiten Phasenübergang in eine antiferromagnetische Phase.
Einen Überblick über die Eigenschaften binärer Vanadiumoxide gibt zum Beispiel [Brü83].
Eine andere, erst seit kurzem im Zentrum des Interesses stehende Verbindung ist das System LiV_2O_4, in dem bei tiefen Temperaturen „Schweres-Fermionen–Verhalten" beobachtet wird. Dieser sonst nur in Systemen mit 4f- bzw. 5f-Elementen bekannte Grundzustand wurde damit zum ersten Mal in einer d–Metall–Verbindung beobachtet [Kon97, Loh99].
Im Rahmen dieser Arbeit wurden dagegen hauptsächlich niedrigdimensionale Verbindungen der Form $M_xV_yO_z$ (M=Metall, vorwiegend Natrium) untersucht, über deren Eigenschaften im Folgenden ein kurzer Überblick gegeben werden soll.

4.1 Niedrigdimensionale Vanadium–Verbindungen: Ein Überblick

Niedrigdimensionale Systeme sind von besonderer Bedeutung, da sie die Möglichkeit eröffnen, theoretische Vorhersagen anhand von einfachen, oft exakt lösbaren Modellen experimentell zu überprüfen. Hierbei kommt besonders den anorganischen Verbindungen eine große Bedeutung zu, da hier mit Hilfe von Dotierungen physikalisch relevante Parameter gezielt variiert werden können. Dies ermöglicht es zum Beispiel, den Einfluß von Kopplungsparametern und Kristallstruktur auf Phasenübergänge zu untersuchen.
Durch die unterschiedlichen chemischen Wertigkeiten des Vanadiums V^{2+} ($3d^3$), V^{3+} ($3d^2$), V^{4+} ($3d^1$) und V^{5+} ($3d^0$) ergibt sich eine Vielzahl chemischer Verbindungen.

4.1.1 CaV_nO_{2n+1}

Eine besonders in jüngster Zeit ausführlich untersuchte Familie bilden die Kalzium-Verbindungen der Form CaV_nO_{2n+1} (n=2,3,4).
Die Strukturen dieser Substanzen sind zusammengesetzt aus miteinander verbundenen VO_5–Pyramiden. Dabei besitzen alle Vanadium-Ionen die Oxidationsstufe V^{4+} und tragen einen Spin $S = 1/2$. CaV_3O_7 besteht aus VO_5–Spinketten, deren Spins innerhalb einer Kette ferromagnetisch angeordnet sind, während die Spins benachbarter Ketten antiferromagnetisch zueinander ausgerichtet sind. Die antiferromagnetische Ordnung tritt bei $T_N = 22\,K$ auf [Liu93, Har96]. Die Struktur von CaV_4O_9 kann (idealisiert) als ein quadratisches Gitter aus Vanadiumionen mit regelmäßig angeordneten Vanadiumlücken (1/5 der Vanadium-Plätze sind nicht besetzt) beschrieben werden [Bou73], Abbildung 4.1. Bei tiefen Temperaturen bildet sich eine Spin-Anregungslücke von ca. $10\,meV$ aus [Tan95, Kod96], als deren Ursprung die Kopplung von sog. „Metaplaquetten" diskutiert wird. Diese bestehen, wie in Abbildung 4.1 dargestellt, aus vier Vanadium-Ionen, die die Ecken eines Quadrats in der a-b-Ebene bilden und über je ein Sauerstoff-Ion in der Kantenmitte des Quadrats miteinander verknüpft sind (Kopplungskonstante $J_{cp} = 14.7\,meV$). Untereinander sind diese Plaquetten über eine zweite Art von Plaquetten (vier Vanadium-Ionen bilden ein Quadrat, in dessen Mitte sich ein Sauerstoff-Ion befindet) miteinander verbunden. Die hierbei auftretende Kopplungskonstante J_{ep} ist mit $5.76\,meV$ wesentlich kleiner als J_{cp}. Diese Modellvorstellung wird durch Neutronenstreuung und NMR-Messungen bestätigt [Kod97].

4.1 Niedrigdimensionale Vanadium–Verbindungen

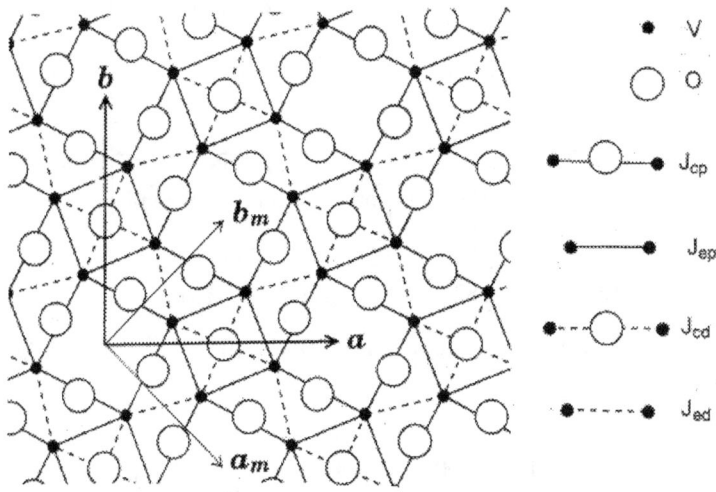

Abbildung 4.1: Schematische Struktur von CaV_4O_9 [Kod97], die vier über J_{cp} verbundenen Vanadium-Ionen bilden die relevanten Plaquetten, $\mathbf{a}_m$ und $\mathbf{b}_m$ sind die Einheitsvektoren des magnetischen Gitters.

Die beiden quasi-zweidimensionalen Systeme CaV_3O_7 und CaV_4O_9 zeigen in der Elektronenspinresonanz relativ große Linienbreiten von 200-300 Oe in CaV_3O_7 und bis zu 1000 Oe in CaV_4O_9 [Tan97]. Die g-Faktoren liegen bei den für V^{4+}-Ionen typischen Werten von $g = 1.94 - 1.98$. Die Winkelabhängigkeit der Linienbreite und des g-Faktors kann in beiden Substanzen mit Hilfe der antisymmetrischen Dzyaloshinsky–Moriya–Wechselwirkung (siehe Kapitel 2.3) beschrieben werden [Tan97].
Die Verbindung CaV_2O_5 kristallisiert in der orthorhombischen $Pmmn$-Struktur [Bou76]. Die VO_5-Pyramiden bilden Spinleitern entlang der kristallographischen b-Achse. CaV_2O_5 ist damit isostrukturell zu dem in dieser Arbeit untersuchten NaV_2O_5 (siehe Abschnitt 4.2 und 5.1). Die Leiterstruktur führt in der Kalziumverbindung zur Ausbildung einer Spin-Anregungslücke von ca. 660 K bei tiefen Temperaturen [Iwa96, Ono98].

4.1.2 Vanadiumbronzen $Na_xV_2O_5$

Eine weitere Gruppe ternärer Vanadium-Verbindungen bilden die Vanadium-Bronzen der Form $Me_xV_2O_5$ (Me=Na, Cu, Li, ...).
Besonders ausgiebig untersucht wurde das Phasendiagramm von $Na_xV_2O_5$

Phase	Phasenbreite x	Struktur
α	$0 \leq x \leq 0.02$	orthorhombisch $Pmmn$
β	$0.22 \leq x \leq 0.40$ [Pou67b] $0.21 \leq x \leq 0.35$ [Kan90]	monoklin
δ	$0.55 \leq x \leq 0.57$	
τ	$x = 0.64$	monoklin
α'	$0.70 \leq x \leq 1.00$ [Pou67b] $0.79 \leq x \leq 1.00$ [Kan90]	orthorhombisch $Pmmn$
η	$1.28 \leq x \leq 1.45$	monoklin
κ	$1.68 \leq x \leq 1.82$	rhomboedrisch

Tabelle 4.1: Das Phasendiagramm von $Na_xV_2O_5$ ($0 \leq x \leq 2$) nach [Pou67b] und [Kan90].

($0 \leq x \leq 2$) [Pou67b, Kan90]. Dabei wurden in Abhängigkeit von der Metallkonzentration sieben verschiedene Phasen gefunden (siehe Tabelle 4.1).

Die α-Phase besteht aus Schichten von VO_6-Oktaedern, die entlang der kristallographischen b-Achse gestreckt sind. Die Na^+-Ionen werden zwischen diese Schichten eingebaut. Obwohl die Struktur der des undotierten V_2O_5 entspricht, führt die Einlagerung der Metall-Ionen zu starken Änderungen der Gitterparameter. Die α-Phase wurde ebenfalls bei Dotierung mit Lithium und Kupfer beobachtet. Die Grenzkonzentrationen bis zu denen die α-Phase stabil ist, sind $x_\alpha \approx 0.13$ für Lithium und $x_\alpha \approx 0.03$ für Kupfer [Hag71].
In der Elektronenspinresonanz findet man in diesen Verbindungen eine Vanadium-Hyperfein-Struktur, die durch die Wechselwirkung eines d–Elektrons in einem d_{xy}-Orbital mit dem ^{51}V-Isotop (Kernspin $I = 7/2$) auftritt. Diese Hyperfein-Struktur konnte in $Cu_{0.01}V_2O_5$ und $Li_{0.01}V_2O_5$ bei $T \approx 100\,K$ ([Spe74b], Abbildung 2.4) und in $Na_{0.01}V_2O_5$ bei $T \approx 130\,K$ [Spe74b] beobachtet werden. Bei tiefen Temperaturen läßt sich die Hyperfeinstruktur auf Grund von inhomogener Linienverbreiterung nicht mehr auflösen. In $Na_{0.01}V_2O_5$ wird die Linie für Temperaturen $T > 130\,K$ durch Hüpfprozesse der Elektronen zwischen lokalisierten Zuständen verschmälert (analog zu dem aus der Kernspinresonanz bekannten „motional narrowing", $\Delta H_{min} \approx 40\,Oe$), bevor bei ca. $400\,K$ eine erneute Verbreiterung durch die thermische Anregung von d-Elektronen in das Leitungsband eintritt. Die beobachteten g-Faktoren sind anisotrop ($g_a \approx g_c$) und liegen zwischen 1.87 und 1.98.

4.1 Niedrigdimensionale Vanadium–Verbindungen

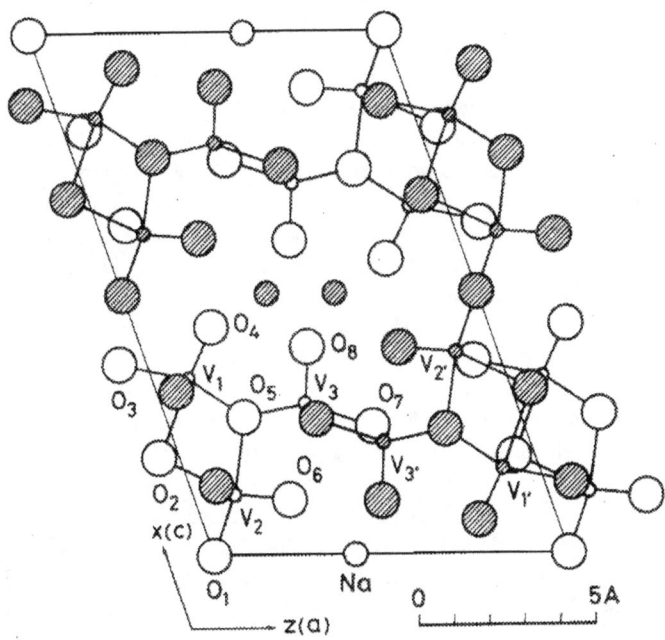

Abbildung 4.2: Projektion der Kristallstruktur von β-Me$_{0.33}$V$_2$O$_5$ in die a-c-Ebene, offene Kreise kennzeichnen Ionen in der Ebene, schraffierte Kreise entsprechen einer Position über der Zeichenebene [Ono83].

Die β-Bronzen Me$_x$V$_2$O$_5$ ($x \approx 0.33$) wurden, vor allem wegen der in Na$_{0.33}$V$_2$O$_5$ beobachteten eindimensionalen Leitfähigkeit ($\sigma_\parallel/\sigma_\perp \approx 300$ bei Raumtemperatur [Wal77]), ausgiebig untersucht. Die Struktur der β-Phase ist monoklin ($C2/m$) mit drei unterschiedlichen Vanadiumplätzen [Wad55]. Abbildung 4.2 zeigt eine Projektion dieser Struktur in die a-c-Ebene. Die Plätze der V1- und V2-Ionen liegen in VO$_6$-Oktaedern, während die der V3-Ionen in trigonalen VO$_5$-Bipyramiden liegen. Zwei benachbarte VO$_6$-Oktaeder bilden Paare, so daß Zick-Zack-Reihen in der kristallographischen b-Achse entstehen. Je zwei Bipyramiden sind ebenfalls über Kanten miteinander verknüpft und bilden Doppelketten entlang b. Der Leitungsmechanismus ist noch nicht endgültig geklärt, das halbleitende Verhalten in der Leitfähigkeit und Ergebnisse von ESR-Messungen [Ono83, Tak81] sprechen jedoch dafür, daß die Elektronen auf den V1-Plätzen lokalisiert sind.

Die erste ESR-Untersuchung an $Na_{0.33}V_2O_5$ [Fri78] zeigte die Existenz zweier Phasenübergänge in diesem Material. Bei 150 K findet ein Phasenübergang zweiter Ordnung statt, unterhalb dessen die Linienbreite stark abnimmt. Friedrich et al. interpretierten dies als eine Ladungsordnung der Elektronen auf den V1-Plätzen. Später wurde dieser Phasenübergang mit Hilfe der Anisotropie der ESR-Linienbreite und des g-Faktors als eine Dimerisierung der V^{4+}-Ionen identifiziert [Tak81], wobei mit Hilfe von Röntgen-Streuung Überstrukturreflexe beobachtet wurden [Kan82]. Der zweite Phasenübergang bei 20 K führt zu einem erneuten Anstieg der Linienbreite und wird mit dem Einsetzen dreidimensionaler magnetischer Ordnung erklärt. Diese Ordnung verschwindet in Proben mit Natrium-Defizit.
Ein eindimensionales Verhalten der Leitfähigkeit wurde auch in $Cu_{0.33}V_2O_5$ gefunden [Spe75]. Die im Vergleich zur Natrium-Verbindung wesentlich größere Phasenbreite von β-$Cu_xV_2O_5$ ($0.26 \leq x \leq 0.64$) erlaubte Untersuchungen der Linienbreite in Abhängigkeit von der Stöchiometrie. Sperlich et al. zeigten, daß die Linienbreite mit einem Hüpfprozeß von lokalisierten Elektronen beschrieben werden kann. Dies führt zu einer Verschmälerung des ESR-Signals oberhalb der Energiebarriere für dieses Hüpfen (25 K). Die Linienbreite bei hohen Temperaturen ($T > 100$ K) nimmt mit zunehmender Kupferkonzentration linear zu. Für die in $Na_{0.33}V_2O_5$ beobachteten Phasenübergänge bei 150 K und 20 K wurden in $Cu_{0.33}V_2O_5$ keine Anzeichen gefunden.
Die g-Faktoren der beiden β-Bronzen zeigen ein ähnliches Verhalten. Es gilt $g_a < g_b < g_c$ [Tak81, Spe75].

Über die zwei folgenden Phasen des Natrium-Vanadium-Phasendiagramms, δ ($0.55 \leq x \leq 0.57$) und τ ($x = 0.64$), ist zur Zeit leider nur wenig bekannt. Die von Kanke et al. gefundene δ-Phase ist stark hygroskopisch und an Luft nicht stabil [Kan90].
Die erst kürzlich entdeckte τ-Bronze kristallisiert in einer monoklinen Kristallstruktur [Sav96]. Ihre physikalischen Eigenschaften sind noch weitgehend unbekannt.

Die α'-Phase wird im folgenden Abschnitt 4.2 anhand des Systems α'-NaV_2O_5 diskutiert.

Die in dieser Arbeit ebenfalls untersuchte η-Phase zeigt in der Suszeptibilität niedrigdimensionales Verhalten [Iso97b]. Die Struktur wurde vor kurzem von P. Millet et al. [Mil99] und unabhängig davon von Isobe et al. [Iso99] bestimmt und ist in Abbildung 4.3 dargestellt.
Die Strukturbestimmung zeigte, daß die stöchiometrische Zusammensetzung

4.1 Niedrigdimensionale Vanadium–Verbindungen

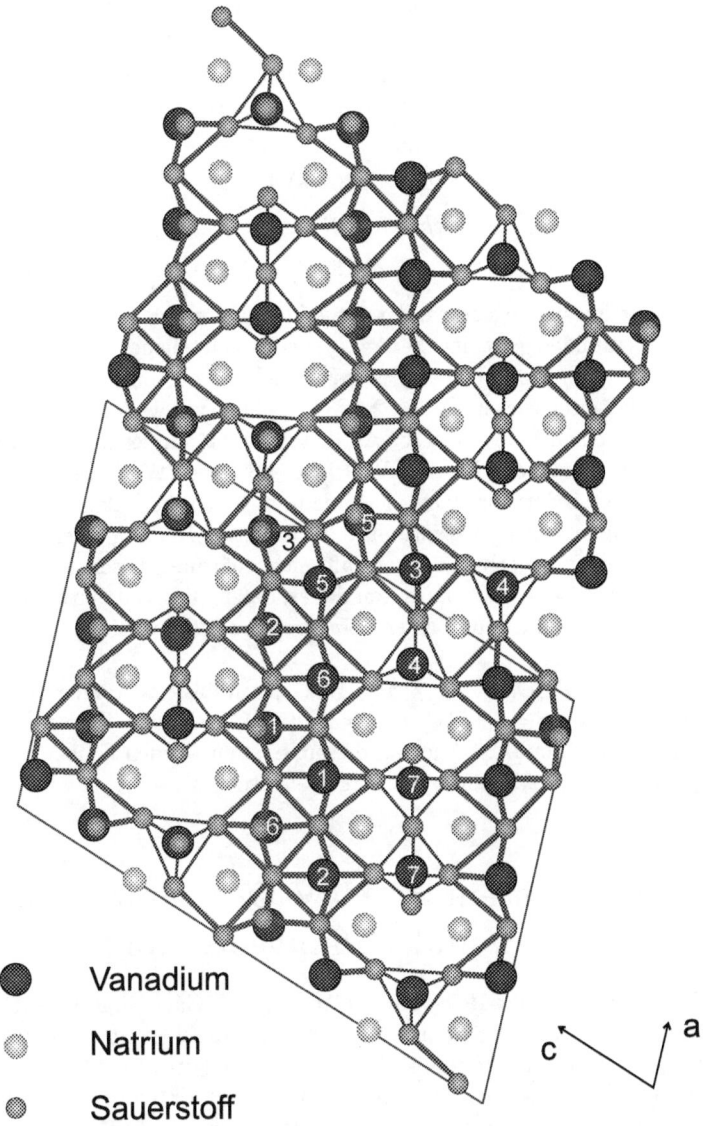

Abbildung 4.3: Kristallstruktur von η-Na$_{1.286}$V$_2$O$_5$ projiziert in die a-c-Ebene. Die b-Achse steht senkrecht auf dieser Ebene. Die Zahlen bezeichnen die unterschiedlichen Vanadium-Plätze. Nach [Mil99], [Iso99].

dieser Phase für $x \simeq 1.285$ [Iso99] bzw. 1.286 [Mil99] erreicht ist (entgegen früheren Veröffentlichungen, die $x \gtrsim 1.3$ vermuteten). Die Kristallstruktur ist monoklin und enthält zwei Formeleinheiten $Na_9V_{14}O_{35}$. Der Winkel zwischen a- und c-Achse beträgt $\beta = 109.18\,°$, die Gitterparameter wurden, wie folgt, bestimmt:

$$a = 15.209(8)\,\text{Å} \qquad (4.1)$$

$$b = 5.036(5)\,\text{Å} \qquad (4.2)$$

$$c = 20.786(6)\,\text{Å} \qquad (4.3)$$

Die Struktur ist aus gegeneinander versetzten Leiterstücken aufgebaut, die von VO_5-Pyramiden gebildet werden. Die so entstehenden „Ketten" sind voneinander durch VO_4-Tetraeder getrennt (Abbildung 4.3). Die Vanadium-Ionen in den Leiterstücken (V1, V2, V3, V6) sind vierwertig, das heißt, sie tragen jeweils einen Spin $S = 1/2$. An den Punkten, an denen sich zwei Leiterstücke berühren, befinden sich V5-Plätze mit einer Wertigkeit von 4.5+. In den VO_4-Tetraedern besitzen die Vanadium-Ionen die Valenz 5+.

Die in der magnetischen Suszeptibilität beobachtete Bildung einer Spinanregungslücke bei tiefen Temperaturen läßt sich aufgrund dieser Struktur nur schwer erklären. Isobe et al. vermuten daher, daß in dieser Struktur ein neuer Mechanismus für die Bildung einer Spinanregungslücke vorliegt.

Die κ-Bronze $Na_xV_2O_5$ ($1.68 \leq x \leq 1.82$)[1] kristallisiert in einer rhomboedrischen Struktur ($a = 6.99(1)\,\text{Å}$, $\alpha = 101.7(1)°$) mit acht Formeleinheiten pro Einheitszelle [Pou67a]. Auch an diesem System wurden ESR-Messungen durchgeführt, die in Abschnitt 5.6 vorgestellt werden.

4.2 Das System α'-NaV_2O_5: Spin–Peierls–Übergang und Ladungsordnung

α'-NaV_2O_5 wurde zuerst 1975 von A. Carpy und J. Galy hergestellt [Car75]. Sie fanden, daß das System in einer orthorhombischen Struktur mit der Raumgruppe $P2_1mmn$ kristallisiert. Das Kristallgitter weist zwei unterschiedliche Vanadium-Plätze auf, die mit V^{4+} bzw. V^{5+}-Ionen besetzt sind. Entlang der kristallographischen b-Achse bilden sich so Spin-Ketten aus V^{4+}-Ionen ($S = 1/2$), die voneinander durch Ketten aus unmagnetischen V^{5+}-Ionen ($S = 0$) getrennt sind. Durch diese alternierende Anordnung der Ketten ergibt sich ein quasi-eindimensionales Spinsystem. Abbildung 4.4 zeigt

---
[1] In der Literatur findet sich auch die Bezeichnung χ-Bronze

4.2 Das System α'-NaV$_2$O$_5$

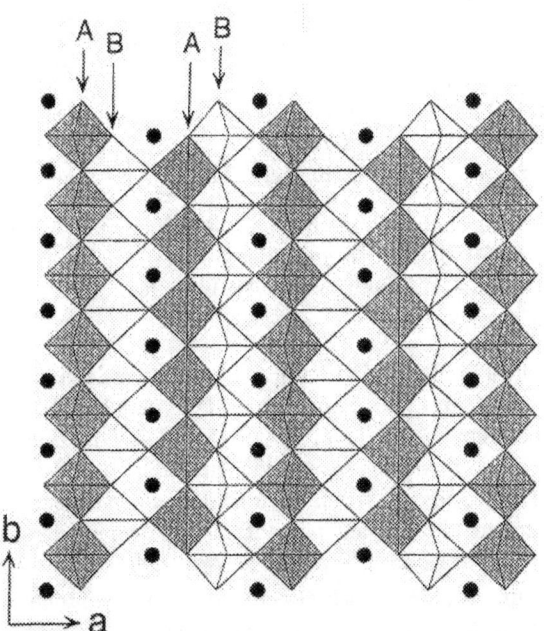

Abbildung 4.4: Von A. Carpy und J. Galy für α'-NaV$_2$O$_5$ postulierte Struktur $P2_1mmn$, nach [Iso96], die Kreise stellen die Na-Ionen dar. Die Pyramiden kennzeichnen die zwei unterschiedlichen Vanadium-Plätze; weiß dargestellt: V^{5+}O$_5$-Pyramiden (B) und schattiert: V^{4+}O$_5$-Pyramiden (A).

diese Struktur.

1996 beobachteten M. Isobe und Y. Ueda einen exponentiellen Abfall der Suszeptibilität unterhalb von 34 K. Sie fanden außerdem, daß die Suszeptibilität oberhalb dieses Phasenübergangs dem von J. C. Bonner und M. E. Fisher [Bon64] für einen eindimensionalen Heisenberg-Antiferromagneten angegebenen Verhalten folgt (siehe Abschnitt 3.1.1). Der Phasenübergang bei 34 K wurde daher mit einem Spin-Peierls-Übergang identifiziert (siehe Kapitel 3.2). Durch diese Entdeckung rückte NaV$_2$O$_5$ als zweites anorganisches Spin-Peierls-System in das Zentrum des Interesses und initiierte viele weitere Untersuchungen dieser Substanz.

Meßmethode	Energielücke $\Delta(0)$(K)	$2\Delta/(k_B T_{SP})$	Autoren
Neutronenstreuung	116 K	6.44	[Fuj97]
NMR	98 K (ohne Fehlerangabe)	5.8	[Oha97]
ESR bei 9.5 GHz	100 K ±2 K	5.9	[Loh97]
ESR bei 36 GHz	92 K ±20 K	5.3	[Vas97]
ESR bei 134 GHz	85 K ±20 K	4.8	[Sch97]
Submillimeter-ESR	94 ±2 K (bei 4.2 K)	5.4	[Lut98]

Tabelle 4.2: Zusammenstellung der mit verschiedenen Meßmethoden bestimmten Werte für die Größe der Energielücke $\Delta(0)$ in NaV_2O_5 und des sich daraus ergebenden Verhältnisses $2\Delta(0)/(k_B T_{SP})$.

Die Existenz eines Spin-Peierls-Phasenübergangs wurde zunächst durch weitere Messungen gestützt. So fanden Fujii et al. [Fuj97] Überstrukturreflexe in der Röntgenstreuung an einem Einkristall. Die Größe der Energielücke unterhalb von 34 K wurde von verschiedenen Meßmethoden bestimmt (siehe Tabelle 4.2). Die Ergebnisse stimmen im Rahmen der angenommenen Fehler weitgehend überein. Interessant ist, daß die Neutronenstreuung als einzige Meßmethode einen etwa 15-20% größeren Wert liefert.

In der Folge wurden jedoch auch zunehmend experimentelle Ergebnisse gefunden, die sich nicht im Rahmen eines einfachen Spin-Peierls-Modells erklären ließen.

Die einfachste theoretische Beschreibung eines solchen Modells erfolgt mit Hilfe eines Molekularfeld-Ansatzes, analog zu dem in der BCS-Theorie der Supraleitung verwendeten (siehe Kapitel 3.2). Eine der Vorhersagen dieses Modells ist der Zusammenhang zwischen der Temperatur des Übergangs T_{SP} und der Größe der Energielücke:

$$\frac{2\Delta(0)}{k_B T_{SP}} = 3.53 \qquad (4.4)$$

Während diese Relation in den bisher bekannten organischen Spin-Peierls-Systemen (z. B. TTF-CuBDT: 3.50 [Bra75], TTF-AuBDT: 3.70 [Jac76], MEM-(TCNQ)$_2$: 3.11 [Hui79]) und in $CuGeO_3$ (3.50 [Has93]) relativ gut erfüllt ist, ergeben sich für NaV_2O_5 Werte bis zu 6.44 (siehe Tabelle 4.2).

Auch in der spezifischen Wärme beobachtet man ein Verhalten, das erheblich von den Vorhersagen für einen Spin-Peierls-Übergang abweicht. Die spezifische Wärme einer eindimensionalen Spinkette setzt sich aus einem magnetischen Anteil und einem Beitrag der Phononen zusammen. Der magnetische Beitrag wurde von Bonner und Fisher berechnet [Bon64] und ist linear in der

4.2 Das System α'-NaV$_2$O$_5$

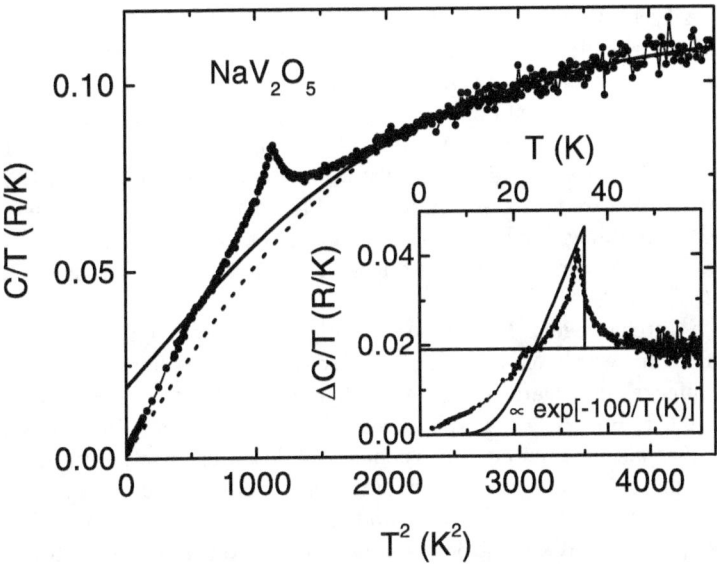

Abbildung 4.5: Spezifische Wärme von NaV$_2$O$_5$ aufgetragen als C/T über T^2. Die durchgezogene Linie wurde unter der Voraussetzung eines mit der Molekularfeld-Theorie kompatiblen Wertes für $\Delta C_v/\gamma T_{SP}$ berechnet. Für die gestrichelte Linie wurde ein linearer Beitrag zur spezifischen Wärme angenommen, wie er für eine eindimensionale Spinkette erwartet wird. Der Einschub zeigt die spezifische Wärme nach Abzug des Gitterbeitrags, die Größe des linearen Beitrags ist durch den Achsenabschnitt der waagrechten Linie gegeben. Aus [Hem98].

Temperatur (Gleichung 3.10):

$$C(T) \approx 0.35 N k_B \frac{k_B T}{|J|}$$

Der Beitrag der Phononen ist bei tiefen Temperaturen proportional zu T^3 (Debye-Modell). Unterhalb des Spin-Peierls-Übergangs bildet sich eine Energielücke, und der magnetische Anteil der spezifischen Wärme fällt exponentiell ab. Für den Sprung in der spezifischen Wärme C_v bei der Übergangstemperatur T_{SP} sollte gelten:

$$\frac{\Delta C_v}{\gamma T_{SP}} = 1.4 \tag{4.5}$$

Die spezifische Wärme von einem NaV_2O_5-Polykristall ist in Abbildung 4.5 dargestellt [Hem98]. Die Kurven stellen Anpassungen, entsprechend zweier unterschiedlicher Szenarien, dar: Für die gestrichelte Linie wurde zunächst der lineare Anteil der spezifischen Wärme $C_v = \gamma \cdot T$ berechnet. Mit $J = 578\,K$ ergibt sich $\gamma = 1.21 \cdot 10^{-3}\,R/K$ (R: molare Gaskonstante). Dann wurde der Phononenbeitrag angepaßt, wobei die Debye-Temperatur Θ_D und die Anzahl der Freiheitsgrade N als freie Parameter verwendet wurden. Die beste Beschreibung der Daten erhält man für $\Theta_D = 281\,K$ und $N = 15$. In diesem Fall erhält man allerdings für den Sprung in der spezifischen Wärme: $\Delta C_v/(\gamma T_{SP}) = 20$.

Für die durchgezogene Linie in Abbildung 4.5 wurde der umgekehrte Weg gewählt. Hier wurde ein der Molekularfeld-Theorie entsprechender Wert für ΔC_v aufgegeben. Daraus ergeben sich folgende Werte: $\gamma = 0.019\,R/K$, $\Theta_D = 302\,K$ und $N = 14$. In diesem Fall ist der lineare Beitrag wesentlich größer als für eine eindimensionale Spinkette erwartet. Der Einschub in Abbildung 4.5 zeigt die Berechnung des exponentiellen Abfalls der spezifischen Wärme mit $T_{SP} = 35\,K$ und $\Delta(0) = 100\,K$. Unterhalb von $20\,K$ ist die spezifische Wärme größer als nach dieser Anpassung erwartet. Diese Abweichung sollte jedoch nicht überbewertet werden, da die für die Messung der spezifischen Wärme verwendete Probe einen relativ großen Anteil freier Spins enthielt. (Die Suszeptibilitätsmessungen zeigten einen ausgeprägten Curie-Anteil bei tiefen Temperaturen.) Obwohl diese Modellrechnung die Daten beschreiben kann, zeigt der etwa um einen Faktor von 15 erhöhte Wert von γ, daß deutliche Abweichungen von den Vorhersagen des Molekularfeld-Modells auftreten.

Der elektrische Widerstand wird, wie erwartet, bei hohen Temperaturen durch eindimensionale Hüpfprozesse bestimmt. Abbildung 4.6 zeigt die Temperaturabhängigkeit des elektrischen Widerstands in einem α-NaV_2O_5-Einkristall entlang der b-Achse zwischen $25\,K$ und $600\,K$. Unterhalb von $75\,K$ wurde mit Zwei-Punkt-Geometrie und einer Anregungsspannung von $U = 500\,V$ gemessen. Bei der Übergangstemperatur zeigt sich auch in den elektrischen Eigenschaften eine klare Anomalie [Hem98], was für einen Spin-Peierls-Übergang, dessen Auftreten nur die magnetischen Eigenschaften und die Gitterstruktur beeinflussen sollte, ungewöhnlich ist. Diese Beobachtung wird durch die Messung der dielektrischen Suszeptibilität [Smi99] unterstützt. Auch die Abhängigkeit der Übergangstemperatur von einem externen Magnetfeld ist ungewöhnlich: Entsprechend theoretischer Rechnungen von L. N. Bulaevskii [Bul78] oder M. C. Cross [Cro79a] erwartet man eine Absenkung der Übergangstemperatur gemäß Gleichung 3.31, experimentell wurden jedoch nur ca. 20% dieser Absenkung beobachtet [Sch99].

4.2 Das System α'-NaV$_2$O$_5$

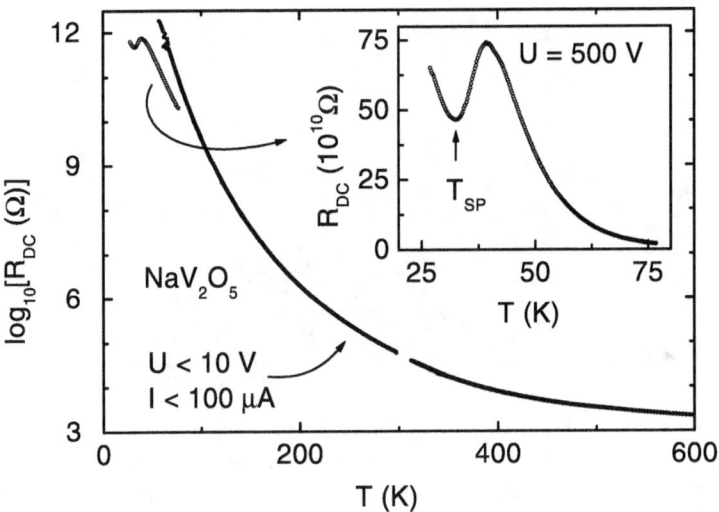

Abbildung 4.6: Temperaturabhängigkeit des elektrischen Widerstands in α-NaV$_2$O$_5$, das Bild oben rechts zeigt den Widerstand bei tiefen Temperaturen, gemessen mit einer Anregungsspannung von $U = 500\,\text{V}$. Aus [Hem98].

Eine erneute Untersuchung mit Röntgenstreuung an Einkristallen zeigte, daß unterhalb des Übergangs eine Verdopplung der Einheitszelle in a- und b-Richtung, sowie eine Vervierfachung in c-Richtung stattfindet [Rav98]. 1998 beobachteten M. Köppen et al. bei Messungen der thermischen Ausdehnung die Existenz eines zweiten Phasenübergangs erster Ordnung nur 1 K unterhalb des Phasenübergangs zweiter Ordnung bei 34 K, der mit der Dimerisierung der Spinketten assoziiert wurde.

Eine erneute Untersuchung der Struktur durch verschiedene Gruppen [Smo98, vS98, Mee98] ergab, daß in der Hochtemperaturphase (T>T$_{SP}$) die Raumgruppe $Pmmn$ statt der vorher angenommenen Raumgruppe $P2_1mmn$ vorliegt, in der nur ein Vanadium-Platz existiert (Abbildung 4.7). NaV$_2$O$_5$ ist damit isostrukturell zu dem in Abschnitt 4.1.1 beschriebenen CaV$_2$O$_5$ und kann als viertelgefülltes Leitersystem betrachtet werden. Diese Leitern werden von Vanadium-Ionen entlang der b-Achse des Kristalls gebildet, wobei statistisch betrachtet auf jede Leitersprosse ein Elektron entfällt. Diese Leiterstruktur wurde durch optische Messungen bestätigt [Dam98]. Eine Berechnung der Gesamtenergie für beide Raumgruppen $Pmmn$ und $P2_1mmn$ ergab eine niedrigere Gesamtenergie für die neu bestimmte Struktur [Kat99].

Physik der Vanadium–Oxide

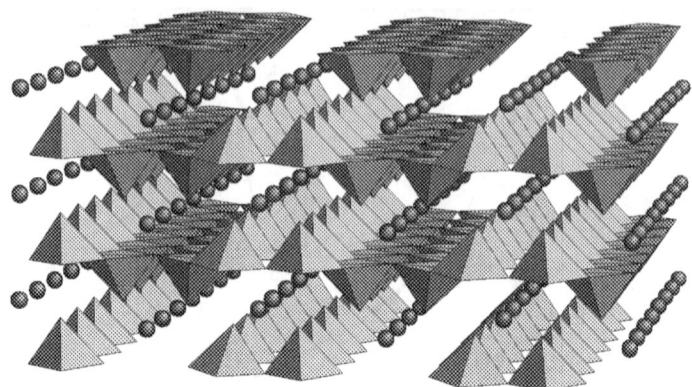

Abbildung 4.7: Struktur von α'-NaV$_2$O$_5$ oberhalb des Phasenübergangs (Raumgruppe *Pmmn*). Die Kugeln symbolisieren die Na-Ionen, die Pyramiden enthalten jeweils einen Vanadium-Platz, die Ecken markieren die Sauerstoff-Plätze [Mee98].

Die neu bestimmte Struktur widerspricht dem oben beschriebenen einfachen Bild von NaV$_2$O$_5$ als System eindimensionaler Ketten, deren Dimerisierung bei 34 K zu einem unmagnetischen Zustand führt. Da in der gefundenen Struktur keine ausgezeichneten Vanadiumplätze existieren, gibt es keine klare Trennung in magnetische V^{4+}-Ionen und unmagnetische V^{5+}-Ionen. Die Elektronen sollten vielmehr, wie von H. Smolinski et al. vorgeschlagen, in einer Art Molekülorbital auf den Leitersprossen delokalisiert sein [Smo98]. Das eindimensionale Verhalten des Spin-Systems läßt sich dann mit einer starken Wechselwirkung innerhalb der Leitern (zwischen den einzelnen Sprossen) und einer wesentlich schwächeren Wechselwirkung zwischen benachbarten Leitern erklären. P. Horsch und F. Mack zeigten, wie ein solches Modell auf Grund von starken Korrelationen zu eindimensionalen Heisenberg-Ketten und isolierendem Verhalten führen kann [Hor98]. Dieses Bild wurde durch theoretische Berechnungen mittels einer „tight-binding"-Analyse von H. Smolinski et al. [Smo98] und einer Abschätzung der Spin-Spin-Wechselwirkungen für Dimere von H.-J. Koo und M.-H. Whangbo [Koo99] bestätigt.

In der Folge wurden verschiedene Modelle für den bei 34 K auftretenden Phasenübergang und die daraus folgende Tieftemperaturstruktur vorgeschlagen. Die oben erwähnte Beobachtung von zwei unabhängigen Phasenübergängen in den Messungen der thermischen Ausdehnung läßt sich mit dem Modell eines Ladungsordnungsübergangs gefolgt von einem Spin-Peierls-Übergang

4.2 Das System α'-NaV$_2$O$_5$

erklären, wie zuerst von P. Thalmeier und P. Fulde [Tha98] vorgeschlagen wurde. Zugleich würden damit die in NaV$_2$O$_5$ beobachteten erheblichen Abweichungen von dem in der Molekularfeldtheorie für ein Spin-Peierls-System erwarteten Verhalten erklärt.

Für die Art der Ladungsordnung wurden verschiedene Szenarien, wie die Anordnung der Spins entlang einer Seite der Leiter (dies entspricht der vorher von A. Carpy und J. Galy für die Hochtemperaturphase angenommenen Struktur) oder eine Zick-Zack-Ordnung entlang der Leitern, diskutiert [Seo98, Mos98, Gro99]. Die Zick-Zack-Ordnung ist nach Hartree-Fock-Rechnungen von H. Seo und H. Fukuyama [Seo98] die energetisch günstigere (Abbildung 4.8). M. V. Mostovy und D. I. Khomskii [Mos98] zeigten, daß eine solche Zick-Zack-Ordnung auch ohne einen folgenden Spin-Peierls-Übergang zu alternierenden Austauschkonstanten und damit zu der Bildung einer Energielücke im Spinanregungsspektrum führen kann. Wie von C. Gros und R. Valentí [Gro99] aufgezeigt, ist eine solche Zick-Zack-Ordnung konsistent mit den Ergebnissen aus der Neutronenstreuung. Die von Smirnov et al. beobachteten Anomalien in der dielektrischen Funktion $\epsilon(\omega)$ lassen sich ebenfalls mit diesem Modell erklären [Smi99].
Eine erst kürzlich durchgeführte Untersuchung der Tieftemperaturphase mit

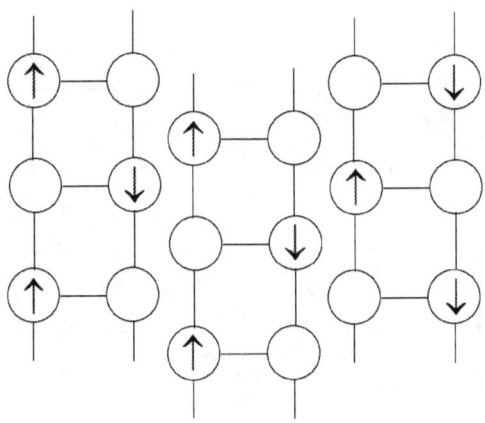

Abbildung 4.8: Zick-Zack-Struktur, wie von H. Seo und H. Fukuyama für die Spinordnung in der Tieftemperaturphase von NaV$_2$O$_5$ vorgeschlagen [Seo98].

Synchrotron-Strahlung findet dagegen Hinweise für eine Anordnung der Spins in Ketten [Lüd99]. Die Struktur unterhalb des Übergangs wurde als eine modulierte Form der Hochtemperaturstruktur identifiziert (Raumgruppe $Fmm2$), in der jeweils in jeder zweiten Leiter die Vanadium-Ionen senkrecht zur Leiterrichtung ausgelenkt werden. Die beiden Vanadium-Plätze einer Leitersprosse werden dabei parallel ausgelenkt, die benachbarter Leitersprossen einer Leiter antiparallel (Abbildung 4.9). Die so gefundene Struktur ist konsistent mit der beobachteten Verdopplung der Einheitszelle in a- und b-Richtung und der Vervierfachung in c-Richtung [Rav98].

Die sich aus dieser Struktur ergebende Spinordnung wurde mit Hilfe der „bond valence"-Methode untersucht [vS99]. Danach tritt in den modulierten Leitern eine Zick-Zack-Ordnung aus V^{4+} und V^{5+} auf. Die unmodulierten Leitern enthalten dagegen weiterhin Vanadium-Ionen mit einer formalen Valenz von $V^{4.5+}$. Zusätzlich zu der in den modulierten Leitern beobachteten Ladungsordnung vermuten die Autoren eine magnetische Ordnung, die die Bildung des Singulett-Grundzustands erklärt. Die Details dieser Ordnung sind jedoch unbekannt.

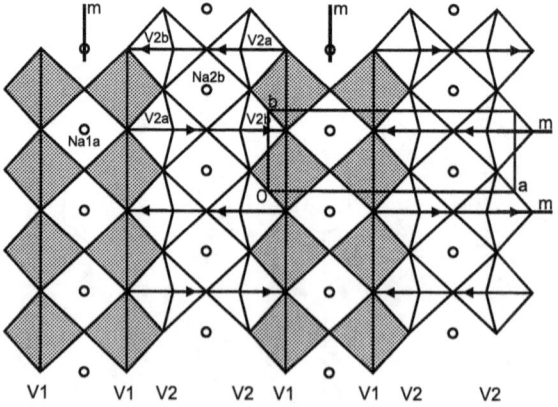

Abbildung 4.9: Projektion der von J. Lüdecke et al. gefundenen Tieftemperaturstruktur entlang der c-Achse, die mit Pfeilen markierte Modulation der Leitern ist ca. 40-fach vergrößert dargestellt [Lüd99].

Kapitel 5

Elektronenspinresonanz an Vanadiumbronzen

In diesem Kapitel werden die im Rahmen dieser Arbeit durchgeführten ESR-Messungen an den Systemen $Na_xV_2O_5$ vorgestellt und mit Hilfe der in Kapitel 3 dargestellten theoretischen Vorhersagen für niedrigdimensionale Spin-Systeme verglichen.
Ein besonderer Schwerpunkt liegt dabei auf dem System α'-NaV_2O_5, dessen Eigenschaften bereits in Kapitel 4.2 angesprochen wurden. Eine der zentralen Fragen in diesem System ist die Natur des Tieftemperatur-Phasenübergangs bei 34 K. Besonders interessant ist in diesem Zusammenhang die Anisotropie der Linienbreite und des g-Faktors in Einkristallen, wie sie in Abschnitt 5.1.4 vorgestellt wird. Außerdem wurden Untersuchungen an den Dotierungsreihen $Na_{1-x}Li_xV_2O_5$ (Abschnitt 5.2) und $Na_{1-y}Ca_yV_2O_5$ (Abschnitt 5.3) durchgeführt, in denen man die Unterdrückung des Phasenübergangs mit zunehmender Dotierung beobachtet.

In Paragraph 5.4 werden die Ergebnisse der Untersuchungen an den β-Bronzen $Na_{0.33}V_2O_5$ und $Cu_{0.33}V_2O_5$ gezeigt. In der Natrium-Verbindung findet man bei 150 K einen stark von der Stöchiometrie der Proben abhängigen Phasenübergang, der mit Hilfe von ESR-Messungen als Dimerisierung der V^{4+}-Ionen identifiziert wurde [Tak81]. Bei tiefen Temperaturen beobachtet man in beiden Verbindungen das Einsetzen dreidimensionaler magnetischer Ordnung.

Die Ergebnisse der ESR-Untersuchungen an der wenig bekannten Verbindung η-$Na_{1.33}V_2O_5$ (Kapitel 5.5) erlauben eine Klassifizierung dieser Substanz als ein weiteres niedrigdimensionales System in der Reihe der Vanadium-Bronzen.

Abschließend werden ESR-Ergebnisse an κ-Na$_{1.8}$V$_2$O$_5$ (Kapitel 5.6) vorgestellt.

5.1 α'-NaV$_2$O$_5$

Die hier vorgestellten ESR-Messungen wurden an α'-NaV$_2$O$_5$-Einkristallen durchgeführt, die von G. Obermeier (Experimentalphysik II, Universität Augsburg) und E. Morré und M. Dischner (Max-Planck-Institut für chemische Physik fester Stoffe, Dresden) hergestellt wurden. Die dabei verwendeten Methoden werden im folgenden Abschnitt beschrieben.

5.1.1 Probenpräparation und Charakterisierung

Die ersten in Augsburg hergestellten Einkristalle (undotiertes α'-NaV$_2$O$_5$) wurden in einem Zwei-Schritt-Verfahren präpariert. Im ersten Schritt wurde eine stöchiometrische Mischung aus pulverförmigem NaVO$_3$ und VO$_2$ hergestellt (NaVO$_3$ + VO$_2$ $\rightarrow$ NaV$_2$O$_5$) und zu Tabletten gepreßt. Diese wurden in einem evakuierten Quarzrohr für vier Tage auf 620 °C erhitzt. Im zweiten Schritt wurde das Material über die Schmelztemperatur auf 800 °C erhitzt und in einem Temperaturgradienten mit 7 °C/h abgekühlt.

Sowohl das mit Hilfe der Festkörperreaktion hergestellte polykristalline Material wie auch einige der Einkristalle wurden mit Hilfe von Röntgenstreuung (Debye-Scherrer-Verfahren) untersucht. Es konnten keine Fremdphasen detektiert werden.

Einkristalle aus Na$_{1-x}$Li$_x$V$_2$O$_5$ und Na$_{1-y}$Ca$_y$V$_2$O$_5$ (hergestellt in Dresden) wurden nach der in [Iso97a] beschriebenen Methode aus dem NaVO$_3$-Fluß gezogen. (Da mit Hilfe der oben dargestellten Methode nur kleine Einkristalle gewonnen werden können, wurde später auch in Augsburg diese Methode der Herstellung gewählt.) Zuerst wurde eine Mischung aus Na$_2$CO$_3$ und V$_2$O$_5$ in Luft auf 550 °C erhitzt, um NaVO$_3$ darzustellen. Dieses wurde anschließend mit VO$_2$ im Verhältnis 8:1 gemischt, dann in einem evakuierten Quarzrohr auf 800 °C erhitzt und schließlich mit einer Rate von 1 °C pro Stunde abgekühlt. Das überschüssige NaVO$_3$ wurde mit Wasser ausgewaschen. Bei den dotierten Proben wurde, entsprechend der gewünschten Dotierung, Na$_2$CO$_3$ durch Li$_2$CO$_3$ bzw. CaCO$_3$ ersetzt. Bedingt durch den niedrigen Diffusionskoeffizienten, während der Kristall aus dem Fluß gezogen wurde, war der Lithiumgehalt der Proben erheblich geringer als die stöchiometrische Einwaage (siehe Tabelle 5.1). Der resultierende Lithium-Gehalt wurde

Lithium-Einwaage(%)	resultierende Lithium-Konzentration(%)
0	0
1	0.15 (skaliert)
2.4	0.3 (skaliert)
3.7	0.5 (skaliert)
5	0.7 (gemessen)
7	0.9 (skaliert)
10	1.3 (gemessen)

Tabelle 5.1: Zusammensetzung der untersuchten Li-dotierten Proben, die resultierende Lithium-Konzentration wurde, wie im Text beschrieben, für zwei Proben (x=5% und x=10%) bestimmt. Die Konzentrationen der übrigen Proben wurden entsprechend mit dem so gefundenen Faktor von 7.5 skaliert.

mit Hilfe von ICP (inductive coupled plasma, Bestimmung der Vanadium-Konzentration) und AAS (atomic absorption spectroscopy, Bestimmung von Na- und Li-Konzentrationen) ermittelt. Diese Messungen ergaben, daß die wirkliche Li-Konzentration um einen Faktor 7.5 geringer waren, als gemäß der Einwaage erwartet. Ein ähnliches Ergebnis ist für die bisher noch nicht auf diese Weise untersuchten Ca-dotierten Proben zu erwarten.
Auch die nach dieser Methode hergestellten Proben wurden mittels Röntgenstreuung auf Fremdphasen überprüft und als einphasig klassifiziert.

5.1.2 ESR-Spektren und Linienform in α'-NaV$_2$O$_5$

Die Klasse der Vanadium-Oxide eignet sich besonders gut für die Untersuchung mit Hilfe der Elektronenspinresonanz, da Vanadium in den Oxidationsstufen V^{+4}, V^{+3} und V^{+2} als ESR-Sonde verwendet werden kann. In α'-NaV$_2$O$_5$ liegt das Vanadium statistisch in einem Oxidationszustand $V^{+4.5}$ vor (wenn man als einfachstes Modell von einer Elektronenverteilung wie in einer ionischen Bindung ausgeht). Vanadium verfügt über fünf Valenz-Elektronen (Elektronenkonfiguration: [Ar]3d^{3}4s^2), so daß α'-NaV$_2$O$_5$ im Mittel ein Elektron pro Formeleinheit (zwei Vanadium-Ionen) enthält. Dieses Elektron dient als ESR-Sonde. Wie bereits in Kapitel 4.2 beschrieben, bilden die Vanadium-Ionen in Richtung der kristallographischen b-Achse Leitern, auf deren Sprossen das Elektron delokalisiert ist. Bei tiefen Temperaturen (unterhalb des Phasenübergangs bei 34 K) wird eine Ladungsordnung der

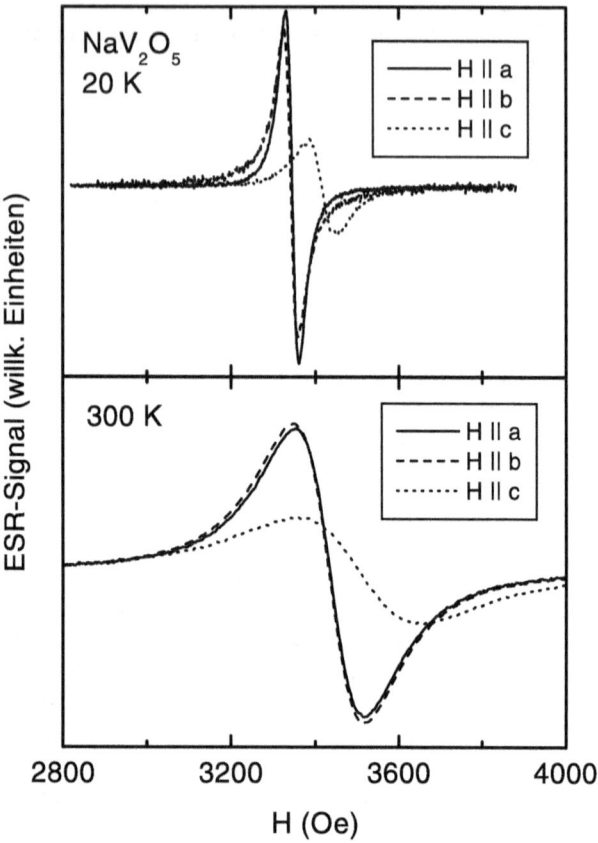

Abbildung 5.1: ESR-Spektren eines α'-NaV$_2$O$_5$-Einkristalls bei 20 K und 300 K für verschiedene Orientierungen des Kristalls im externen Magnetfeld.

Elektronen, d. h. eine Lokalisierung auf bestimmte Vanadiumplätze vermutet. Die genaue Form dieser Ladungsordnung ist jedoch noch nicht endgültig geklärt. Da mit Hilfe der ESR der Spin des Elektrons selbst als Sonde benutzt wird, ergibt sich hier die Möglichkeit, den Prozeß der Ladungsordnung direkt zu beobachten.

Das ESR-Spektrum von α'-NaV$_2$O$_5$ besteht im ganzen untersuchten Temperaturbereich ($4.2\,\text{K} \leq T \leq 700\,\text{K}$) aus einer einzigen Resonanzlinie. Wie in Kapitel 2.2.2 beschrieben, werden die Daten mit der Gleichung für eine

Lorentzlinie angepaßt, um Linienbreite, g-Faktor und Intensität der Resonanzlinie zu bestimmen. Die Daten lassen sich bei allen Temperaturen sehr gut mit Hilfe einer Lorentzlinie beschreiben. Dies ist ein Hinweis darauf, daß die Resonanz sehr stark austauschverschmälert ist.
Abbildung 5.1 zeigt zwei Beispiele für die ESR-Spektren eines α'-NaV$_2$O$_5$-Einkristalls. Die Linienbreite und die Resonanzlage des Signals besitzen eine ausgeprägte Abhängigkeit von der Orientierung des externen Magnetfeldes. In den Richtungen $H\|a$ und $H\|b$ findet man, außer für Temperaturen $34\,\mathrm{K} \leq T \leq 65\,\mathrm{K}$, nahezu identische Spektren, für $H\|c$ beobachtet man dagegen ein Signal mit einem kleineren g-Faktor (größerem Resonanzfeld) und einer größeren Linienbreite. Wie im folgenden Abschnitt gezeigt wird, läßt sich diese Anisotropie mit Hilfe der antisymmetrischen Dzyaloshinsky–Moriya–Wechselwirkung verstehen. Die Intensität des Signals weist im Rahmen der Meßgenauigkeit keine Anisotropie auf.
Ein Vergleich zwischen beiden in Abbildung 5.1 dargestellten Temperaturen zeigt die Temperaturabhängigkeit des ESR-Signals. Oberhalb von 34 K nimmt die Linienbreite in allen Richtungen monoton zu, während der g-Faktor nahezu konstant bleibt. Unterhalb des Phasenübergangs beobachtet man eine schnelle Zunahme in Linienbreite und g-Faktor mit abnehmender Temperatur (siehe Abbildungen 5.5 und 5.2, Diskussion in den folgenden Abschnitten). Der Verlauf der Intensität der Resonanzlinie mit der Temperatur entspricht dem der Suszeptibilität und wird in Abschnitt 5.1.5 ausführlich diskutiert.

Die erste ESR-Messung an α'-NaV$_2$O$_5$ wurde bereits 1986 von K. Ogawa et al. durchgeführt [Oga86]. Obwohl in dieser Arbeit bereits über dieselben Temperaturabhängigkeiten in Linienbreite und g-Faktor berichtet wurde, zeigten diese ersten Messungen einen starken Anstieg in der Suszeptibilität zu tiefen Temperaturen. Dieser Anstieg, der wahrscheinlich auf ein Natrium-Defizit in den Proben zurückzuführen war (vergleiche [Iso97b]), überdeckte den charakteristischen exponentiellen Abfall der Suszeptibilität. Die Autoren interpretierten ihre Daten daher als Hinweis auf die Bildung von Bipolaronen. Erst 1996 wurde mit der Veröffentlichung von M. Isobe und Y. Ueda gezeigt [Iso96], daß der Dimerisierung ein Phasenübergang bei 34 K vorausgeht.

5.1.3 Temperatur- und Winkelabhängigkeit des g–Tensors

Die Resonanzlage des ESR-Signals in α'-NaV$_2$O$_5$ und damit der daraus bestimmte g-Faktor sind oberhalb des Phasenübergangs im Rahmen der Meßge-

Elektronenspinresonanz an Vanadiumbronzen

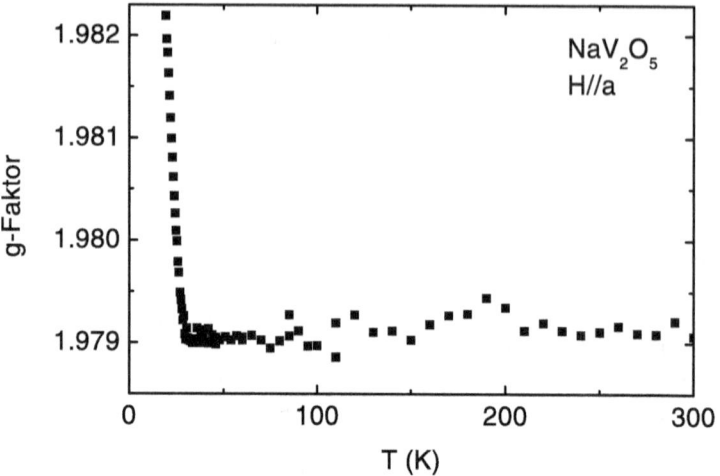

Abbildung 5.2: Temperaturabhängigkeit des g-Faktors in α'-NaV_2O_5 für $H\|a$.

nauigkeit temperaturunabhängig, zeigen aber eine starke Abhängigkeit von der Orientierung der Probe im externen Magnetfeld. Der Verlauf des g-Faktors mit der Temperatur für die Orientierung $H\|a$ ist in Abbildung 5.2 dargestellt. Für $T > 34\,\text{K}$ findet man folgende g-Faktoren:

$$g_a = 1.979 \pm 0.002 \tag{5.1}$$
$$g_b = 1.977 \pm 0.002 \tag{5.2}$$
$$g_c = 1.938 \pm 0.002 \tag{5.3}$$

Die Hauptachsen des g-Tensors sind parallel zu den Achsen des Kristalls. Der geringe Unterschied zwischen g_a und g_b führte dazu, daß in frühen Veröffentlichungen angenommen wurde, daß beide Werte identisch seien. Winkelabhängige Messungen in der a-b-Ebene (bei denen der Einfluß unterschiedlicher Probenqualität oder Temperaturdifferenzen ausgeschlossen werden kann) zeigen jedoch, daß auch in dieser Ebene eine Winkelabhängigkeit des g-Faktors vorliegt (siehe Abbildung 5.3).

Die Größe der g-Faktoren ist, wie schon bei Ogawa et al. beschrieben [Oga86], typisch für Vanadium $3d^1$ in einem oktaedrischen Kristallfeld, wobei sich das Elektron in einem d_{xy}-Orbital befindet [Abr86].

Die Winkelabhängigkeit des g-Faktors läßt sich mit folgender Formel be-

5.1 α'-NaV$_2$O$_5$

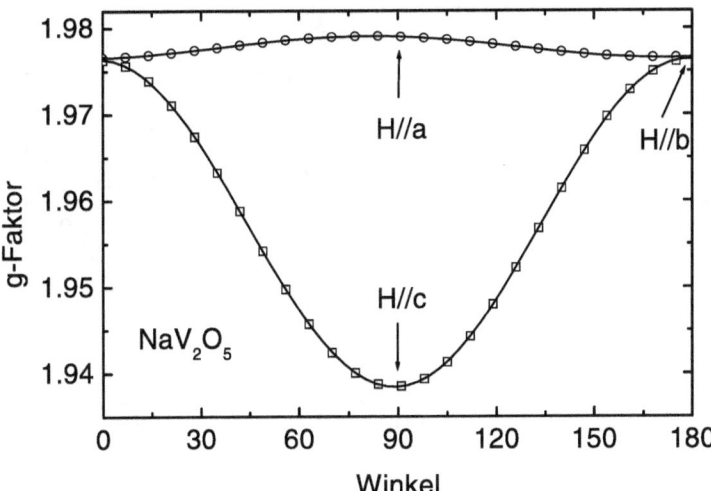

Abbildung 5.3: Winkelabhängigkeit des g-Faktors in α'-NaV$_2$O$_5$ für verschiedene Orientierungen des Kristalls im externen Magnetfeld bei 45 K, die durchgezogenen Linien zeigen Anpassungen der Daten nach Gleichung 5.4.

schreiben:

$$g = \sqrt{g_a^2 \sin^2(\theta)\sin^2(\phi) + g_b^2 \sin^2(\theta)\cos^2(\phi) + g_c^2 \cos^2(\theta)} \quad (5.4)$$

Unterhalb von 34 K steigt der g-Faktor in allen drei Richtungen mit abnehmender Temperatur schnell an, bleibt jedoch immer kleiner als der g-Faktor eines freien Elektrons $g_e = 2.0023$. Als Ursache dieses Anstiegs können unterschiedliche Mechanismen diskutiert werden:

- Am Phasenübergang bei 34 K ordnen sich die Vanadiumspins paarweise antiferromagnetisch, so daß sich Dimere bilden. Dadurch ändert sich die Spin-Bahn-Kopplung, die eine Verschiebung des g-Faktors verursacht haben kann.

- Wie in Abschnitt 5.1.4 dargestellt, steigt die Linienbreite bei tiefen Temperaturen stark an. Als Ursache hierfür wird eine Hyperfeinstruktur vermutet, die bei tiefen Temperaturen durch die nachlassende Austauschwechselwirkung das ESR-Signal bestimmt. Wenn der Schwerpunkt dieser Hyperfeinstruktur von dem bei hohen Temperaturen be-

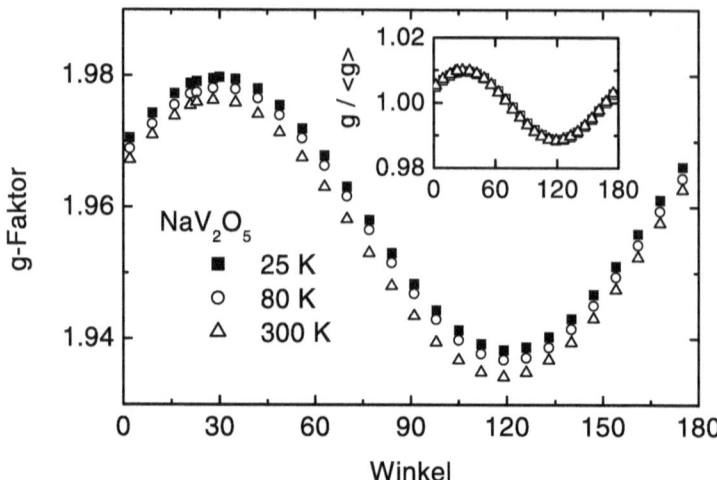

Abbildung 5.4: Winkelabhängigkeit des g-Faktors in α'-NaV$_2$O$_5$ in der a-c-Ebene bei verschiedenen Temperaturen, das Bild oben rechts zeigt dieselben Kurven, jeweils auf ihren Mittelwert normiert.

obachteten Resonanzfeld abweicht, dann führt die nachlassende Austauschverschmälerung des Spektrums zu einer Verschiebung der Resonanzlage in Richtung des Schwerpunktes der Hyperfeinstruktur.

- In μSR-Messungen wurden unterhalb von 11 K Hinweise auf die Spinglas–Ordnung in α'-NaV$_2$O$_5$ gefunden [Fud99]. Durch eine solche Ordnung können lokale Felder entstehen, die zu einer Verschiebung des g-Faktors führen. In den hier gezeigten Messungen wurden jedoch weder in der Linienform noch in der Suszeptibilität Anzeichen für die Bildung eines Spinglases gefunden, was möglicherweise daran liegt, daß bei einem Resonanzfeld von 0.33 T das Spinglas-Verhalten bereits unterdrückt wird.

Die Anisotropie des g-Faktors, ausgedrückt durch das Verhältnis g_a/g_c bzw. g_b/g_c, bleibt bis zu tiefsten Temperaturen bestehen. Ein Einfluß der Ladungsordnung auf die Anisotropie des g-Faktors ist nicht zu beobachten. Abbildung 5.4 zeigt die Winkelabhängigkeit des g-Faktors in der a-c-Ebene beispielhaft für drei verschiedene Temperaturen. Teilt man jede dieser Kurven durch ihren Mittelwert $\langle g \rangle$, so fallen alle auf eine Kurve zusammen.

5.1 α'-NaV$_2$O$_5$

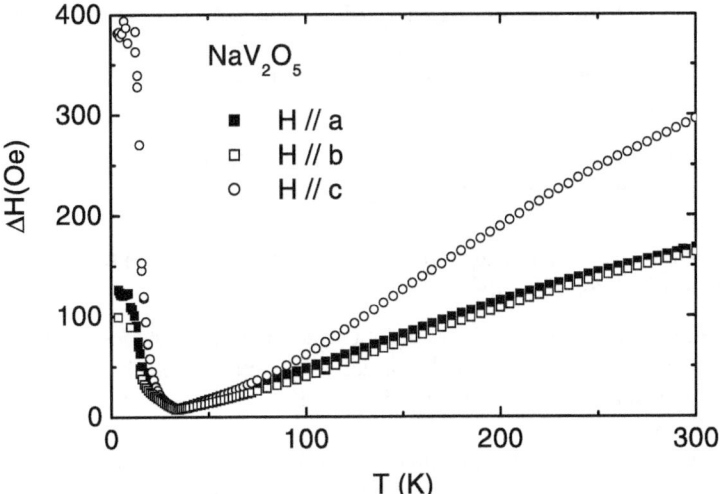

Abbildung 5.5: Temperaturabhängigkeit der Linienbreite in α'-NaV$_2$O$_5$ für verschiedene Orientierungen des Kristalls im externen Magnetfeld.

Die Beobachtung, daß sich die Anisotropie des g-Faktors durch den Phasenübergang nicht ändert, erscheint auf den ersten Blick erstaunlich. Der g-Faktor wird jedoch in erster Linie durch die lokale Umgebung des Sondenspins bestimmt, das heißt in NaV$_2$O$_5$ durch die Sauerstoff-Pyramiden, die das Vanadium-Ion umgeben. Die durch den Phasenübergang unbeeinflußte Anisotropie ist also ein Zeichen dafür, daß sich die Symmetrie der lokalen Umgebung nicht ändert.

5.1.4 ESR-Linienbreite: Hinweise auf Ladungsordnung bei $T > 34\,\text{K}$

Der Verlauf der Linienbreite ΔH als Funktion der Temperatur für verschiedene Orientierungen des Kristalls im Magnetfeld ist in Abbildung 5.5 dargestellt. Anhand des Verlaufs der Linienbreite lassen sich drei unterschiedliche Temperaturbereiche festlegen (Abbildung 5.5):

- $T \geq 60\,\text{K}$: Der Verlauf der Linienbreite wird durch die Dzyaloshinsky-Moriya-Wechselwirkung bestimmt.

- $60\,\text{K} \geq T \geq 34\,\text{K}$: Im Gegensatz zu allen anderen Temperaturbereichen ist die Linienbreite in der Orientierung $H\|c$ schmaler als für $H\|a$, die Winkelabhängigkeit zeigt auffällige Abweichungen von dem für die Dzyaloshinsky-Moriya-Wechselwirkung erwarteten Verhalten (Abbildung 5.11).

- $34\,\mathrm{K} \geq T$: Die Linienbreite steigt für alle Orientierungen des Kristalls im Magnetfeld zu tiefen Temperaturen hin monoton an.

Der Hochtemperaturbereich $T \geq 60\,\mathrm{K}$: Einfluß der Dzyaloshinski-Moriya-Wechselwirkung

Wie bereits in Kapitel 2.2.2 beschrieben, können verschiedene Prozesse zur Linienverbreiterung beitragen. Es ist daher interessant, die Größenordnungen dieser Beiträge abzuschätzen, um die wichtigsten Relaxationsmechanismen zu bestimmen.

Da es sich bei α'-NaV_2O_5 um einen Isolator handelt, kann eine Linienverbreiterung durch Energieabgabe an Leitungselektronen (Korringa-Relaxation) ausgeschlossen werden. Der Vanadium-Spin ($S = 1/2$) weist keinen Drehimpulsanteil auf (wie aus der Messung des g-Faktors ersichtlich), so daß auch Kristallfeld-Effekte keine Rolle spielen. Oberhalb von $34\,\mathrm{K}$ sind alle untersuchten Proben paramagnetisch, daher sind hier lokale statische magnetische Felder als Ursache der Linienverbreiterung ebenfalls ausgeschlossen. Eine weitere mögliche Ursache könnten unterschiedliche g-Tensoren in benachbarten Ketten sein. In diesem Fall würde durch einen Austausch zwischen benachbarten Vanadium-Ketten eine Linienverbreiterung verursacht. Die in Abbildung 4.7 dargestellte Struktur enthält zwei unterschiedliche Vanadium-Plätze, entsprechend den nach oben oder nach unten zeigenden Sauerstoff-Pyramiden. Da die Hauptachsen dieser unterschiedlichen Pyramiden jedoch nahezu identisch sind, sollten die entsprechenden g-Tensoren ebenfalls nahezu äquivalent sein [Yam98].

Auch eine austauschverschmälerte Vanadium-Hyperfeinstruktur könnte für die Größe der Linienbreite bestimmend sein. Die Größenordnung eines solchen Beitrags zur Linienbreite läßt sich wie folgt abschätzen [Pil97]:

$$\Delta H \simeq \frac{A_\|^2}{g\mu_\mathrm{B}|J|} \tag{5.5}$$

$A_\|$ ist die anisotrope Hyperfeinwechselwirkungskonstante. Für V^{4+} in V_2O_5 gilt $A_\| = 0.0089\,\mathrm{cm}^{-1} \hat{=} 190\,\mathrm{Oe}$ [Al'64], so daß sich eine Linienverbreiterung von ca. $30\,\mathrm{Oe}$ ergibt. Diese Abschätzung berücksichtigt jedoch nicht, daß die Elektronen bei hohen Temperaturen auf den Leitersprossen delokalisiert sind, d. h. eine wesentlich verringerte Aufenthaltswahrscheinlichkeit am Ort

5.1 α'-NaV$_2$O$_5$

des Vanadium-Kerns haben. Die Größe der Konstante $A_\parallel$ wird in diesem Fall wahrscheinlich überschätzt. Ein Beispiel hierfür bietet die in Abbildung 2.4 in Kapitel 2.4 gezeigte Hyperfeinstruktur in Cu$_{0.01}$V$_2$O$_5$, bei der der Sondenspin mit vier Vanadium-Ionen wechselwirkt. Hier findet man eine Hyperfeinkonstante von $A_\parallel \simeq 25 - 30$ Oe. Damit läßt sich auch eine nicht aufgelöste Hyperfeinstruktur als Erklärung der Größe der Linienbreite von bis zu 500 Oe bei hohen Temperaturen ausschließen.
Der Einfluß der verbleibenden Verbreiterungsprozesse (Dipol-Dipol-Wechselwirkung, anisotroper Austausch und Dzyaloshinsky-Moriya-Wechselwirkung) läßt sich mit einer störungstheoretischen Berechnung der zweiten Momente abschätzen.
Die ESR-Absorption ist die Fouriertransformierte der Relaxationsfunktion $\varphi(t)$, die die Korrelation der Magnetisierungskomponente M_+ zur Zeit t mit der Komponente M_- zum Zeitpunkt $t = 0$ beschreibt:

$$\varphi(t) = \frac{\langle M_+(t)\, M_-(0)\rangle}{\langle M_+ M_-\rangle} \tag{5.6}$$

$$= \exp\Bigl(-\int_0^t (t-\tau)\psi(\tau)d\tau\Bigr) \tag{5.7}$$

Die Korrelationsfunktion $\psi(\tau)$ ist gegeben durch:

$$\psi(\tau) = \frac{\langle [\mathcal{H}_1(\tau), M_+(0)][M_-(0), \mathcal{H}_1(0)]\rangle}{\hbar^2 \langle M_+ M_-\rangle} \tag{5.8}$$

Dabei sind M_+ und M_- die transversalen Komponenten der Magnetisierung, und $\mathcal{H}_1$ ist der Hamilton-Operator der als Störung behandelten Wechselwirkung (Dipol-Dipol-Wechselwirkung: $\mathcal{H}_{dd}$, Gleichung 2.12; anisotroper Austausch: $\mathcal{H}_{ae}$, Gleichung 2.16; Dzyaloshinsky-Moriya-Wechselwirkung: $\mathcal{H}_{DM}$, Gleichung 2.17). Die Zeitabhängigkeit von $\mathcal{H}_1(\tau)$ ist gegeben durch:

$$\mathcal{H}_1(\tau) = \exp\Bigl(\frac{-i\mathcal{H}_0\tau}{\hbar}\Bigr)\mathcal{H}_1(0)\exp\Bigl(\frac{i\mathcal{H}_0\tau}{\hbar}\Bigr), \tag{5.9}$$

wobei $\mathcal{H}_0 = \mathcal{H}_{ie} + \mathcal{H}_{Zeeman}$ der ungestörte Hamilton-Operator ist, der nur isotropen Austausch und Zeeman-Energie enthält.
Falls die Spindiffusion vernachläßigbar ist, ergibt sich das zweite Moment M_2 des Absorptionsspektrums aus Gleichung 5.8: $\psi(\tau = 0) = M_2$.
Die Linienbreite einer austauschverschmälerten Resonanzlinie ist proportional zum zweiten Moment:

$$\Delta H \simeq \frac{\hbar^2 M_2}{g\mu_B 2|J|} \tag{5.10}$$

Man erhält folgende Abschätzungen für M_2 bei hohen Temperaturen [Yam98]:

$$M_2^{dd} \simeq \frac{3g^2\mu_B^2}{2}\left(\sum_{i>j}\frac{1}{r_{ij}^3}\right)^2 S(S+1) \cdot f_1(\theta,\phi) \qquad (5.11)$$

$$M_2^{ae} \simeq \frac{3}{2g^2\mu_B^2}|\bar{\bar{J}}_{i,i+1}|^2 S(S+1) \cdot f_2(\theta,\phi) \qquad (5.12)$$

$$M_2^{DM} \simeq \frac{1}{3g^2\mu_B^2}|\vec{d}_{i,i+1}|^2 S(S+1) \cdot f_3(\theta,\phi) \qquad (5.13)$$

Die Funktionen $f_i(\theta,\phi)$ stellen die winkelabhängigen Anteile dar und sind in der Größenordnung von eins. In Gleichung 5.11 wird für r_{ij} der Abstand der Vanadium-Ionen entlang der b-Achse eingesetzt (3.61 Å [Car75]). Der Tensor des anisotropen Austausches in Gleichung 5.12 wird durch $|\bar{\bar{J}}_{i,i+1}| \simeq (\Delta g/g)^2 \cdot 2|J|$ mit $\Delta g = |g-2|$ angenähert. Analog wird für den Vektor der Dzyaloshinsky-Moriya-Wechselwirkung $|\vec{d}_{i,i+1}| \simeq (\Delta g/g) \cdot 2|J|$ eingesetzt. Die Abschätzung ergibt:

$$\Delta H_{dd} \simeq 0.1 \text{Oe} \qquad (5.14)$$

$$\Delta H_{ae} \simeq 0.1 - 3 \text{Oe} \qquad (5.15)$$

$$\Delta H_{DM} \simeq 100 - 600 \text{Oe} \qquad (5.16)$$

Die Abschätzung zeigt eindeutig, daß die Dzyaloshinsky-Moriya-Wechselwirkung bei hohen Temperaturen der dominierende Mechanismus der Linienverbreiterung ist.

Eine weitere Bestätigung des oben beschriebenen Modells stellt die Anisotropie der Linienbreite dar. Mit Hilfe der in Kapitel 2.3 angegebenen Symmetriebedingungen können Aussagen über die Richtung des Vektors $\vec{d}_{i,i+1}$ gemacht werden. Der Mittelpunkt der Verbindungslinie zweier benachbarter Vanadium-Plätze ist kein Inversionszentrum, so daß die Wechselwirkung nicht verschwindet. Durch diesen Punkt geht eine Spiegelebene, senkrecht zu der Verbindungslinie. Die erste der vier von Moriya aufgestellten Bedingungen ist also erfüllt. Der Vektor $\vec{d}_{i,i+1}$ muß parallel zu dieser Spiegelebene verlaufen, die die kristallographische c-Achse enthält. Die Lage von $\vec{d}_{i,i+1}$ in dieser Ebene läßt sich mit Hilfe der Anisotropie der Linienbreite bestimmen. Wenn der Winkel zwischen dem externen Magnetfeld und dem Dzyaloshinsky-Moriya-Vektor als θ bezeichnet wird, gilt bei hohen Temperaturen:

$$\Delta H \propto 1 + \cos^2\theta \qquad (5.17)$$

5.1 α'-NaV$_2$O$_5$

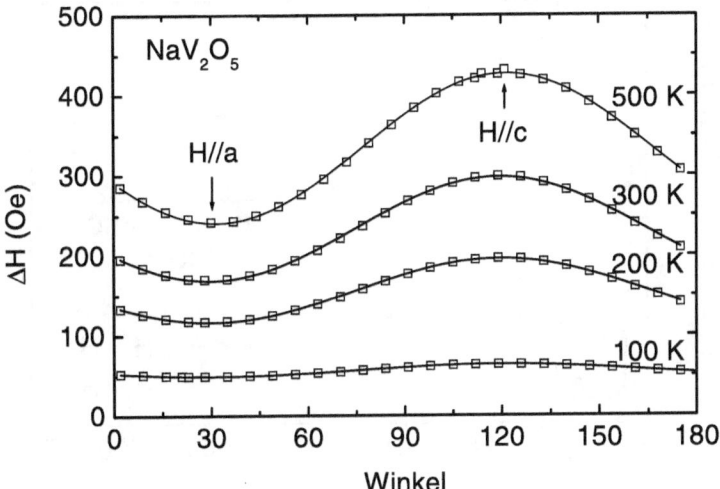

Abbildung 5.6: Winkelabhängigkeiten der Linienbreite von α'-NaV$_2$O$_5$ mit dem externen Magnetfeld in der a-c-Ebene, die durchgezogenen Kurven stellen Anpassungen mit Gleichung 5.18 dar.

Man erwartet also in der Orientierung $H \| \vec{d}_{i,i+1}$ eine doppelt so große Linienbreite, wie in den Richtungen für die $H \perp \vec{d}_{i,i+1}$ gilt.

Abbildung 5.6 zeigt die Winkelabhängigkeit von ΔH bei Drehung um die b-Achse des Kristalls, d. h. mit dem externen Magnetfeld in der a-c-Ebene, für verschiedene Temperaturen. Sie läßt sich beschreiben als

$$\Delta H = A_{DM} \cdot (1 + \cos^2(\varphi - \varphi_0)) + \Delta H_0 \qquad (5.18)$$

Dabei ist A_{DM} ein Maß für die Stärke der Wechselwirkung und ΔH_0 eine Restlinienbreite, die durch eine unvollständige Austauschverschmälerung oder den Beitrag anderer Wechselwirkungen verursacht wird. Für den Winkel φ gilt $\varphi - \varphi_0 = \theta$. Bei hohen Temperaturen findet man:

$$\frac{\Delta H_a}{\Delta H_c} \simeq \frac{\Delta H_b}{\Delta H_c} \simeq \frac{1}{2} \qquad (5.19)$$

Daraus folgt $\vec{d}_{i,i+1} \| c$.

Die Winkelabhängigkeiten lassen sich im gesamten Temperaturbereich $T \geq 80\,\text{K}$ mit den in Gleichung 5.18 gegebenen Zusammenhang beschreiben, dasselbe gilt für die Winkelabhängigkeit in der b-c-Ebene.

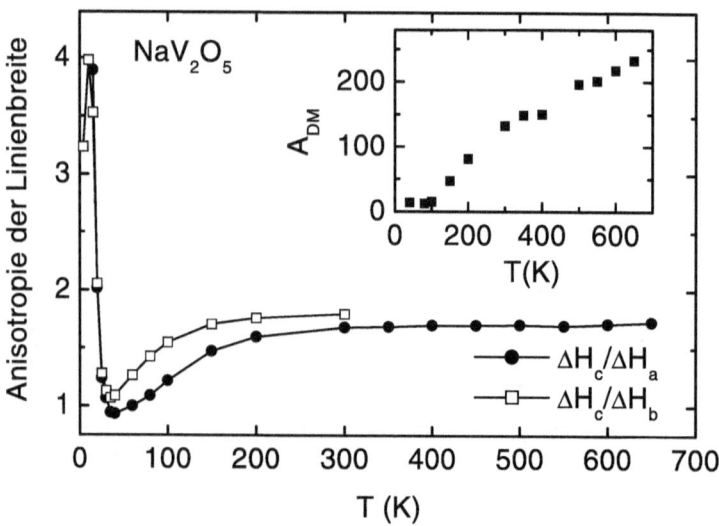

Abbildung 5.7: Verlauf der Anisotropie der Linienbreite $\Delta H_c/\Delta H_a$ bzw. $\Delta H_c/\Delta H_b$. Das Bild oben rechts zeigt den Verlauf des Vorfaktors A_{DM} aus Gleichung 5.18.

Der Vorfaktor A_{DM} nimmt mit zunehmender Temperatur zu (Abbildung 5.7, kleines Bild). Der Verlauf der gesamten Anisotropie der Linienbreite ausgedrückt als $\Delta H_c/\Delta H_a$ bzw. $\Delta H_c/\Delta H_b$ in α'-NaV_2O_5 ist in Abbildung 5.7 dargestellt[1]. Hierbei fällt auf, daß der Grenzwert von zwei, der theoretisch für $k_B T \gg J$ vorhergesagt ist, nicht erreicht wird. Eine mögliche Erklärung dafür ist das Auftreten eines zusätzlichen Relaxationsmechanismus. (Einen Hinweis auf das Vorhandensein eines solchen Mechanismus gibt auch die Temperaturabhängigkeit der Linienbreite, siehe Abbildung 5.9 und zugehörige Diskussion.) Unterhalb von 200 K unterscheidet sich die Anisotropie in der a-c-Ebene von der in der b-c-Ebene.

Die Temperaturabhängigkeit der Linienbreite wird für $T \geq 60$ K ebenfalls fast ausschließlich von der Dzyaloshinsky-Moriya-Wechselwirkung bestimmt. Eine genaue Berechnung der Temperaturabhängigkeit dieses Beitrags zur Linienbreite ist schwierig, eine Abschätzung dafür wurde jedoch 1996 von Ya-

---

[1] Die Daten für $\Delta H_c/\Delta H_b$ konnten nur bis 300 K gemessen werden, da bei einem Einbau des Kristalls in dieser Richtung ein Klebstoff verwendet werden muß, der kein eigenes ESR-Signal besitzt. Dieser Klebstoff ist jedoch bei hohen Temperaturen nicht mehr stabil.

5.1 α'-NaV$_2$O$_5$

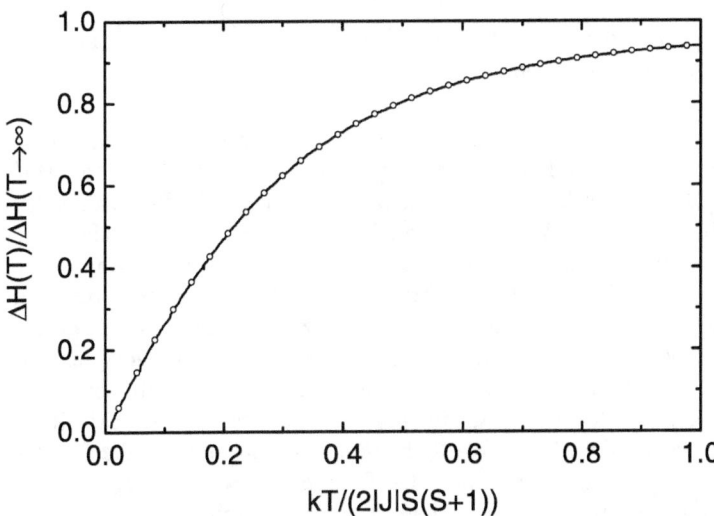

Abbildung 5.8: Temperaturabhängigkeit einer durch die Dzyaloshinsky-Moriya-Wechselwirkung bestimmten Linienbreite nach [Yam96], die Punkte zeigen die Anpassung der Kurve mit einem Polynom fünften Grades.

mada et al. [Yam96] angegeben (Abbildung 5.8).
Um einen Vergleich mit den in α'-NaV$_2$O$_5$ gemessenen Daten zu ermöglichen, wurde die von Yamada et al. angegebene Kurve mit Hilfe eines Polynoms beschrieben (offene Symbole in Abbildung 5.8):

$$y(x) = a + b \cdot x + c \cdot x^2 + d \cdot x^3 + e \cdot x^4 + f \cdot x^5 \qquad (5.20)$$

Dabei wurden folgende Parameter verwendet:

$$a = -0.00963$$
$$b = 3.05637$$
$$c = -3.47523$$
$$d = 0.64302$$
$$e = 1.60262$$
$$f = -0.87813$$

Zur Anpassung der Meßdaten bleiben drei freie Parameter: die Linienbreite für den Grenzfall hoher Temperaturen $\Delta H(T \to \infty)$, die Kopplungskonstante J und die Temperatur T_0, unterhalb derer der Beitrag der Dzyaloshinsky-Moriya-Wechselwirkung verschwindet. Die Abbildung 5.9 zeigt verschiedene

Möglichkeiten der Anpassung für $H\|a$ und $H\|c$, denen unterschiedliche Annahmen zugrunde liegen[2].

Im ersten Fall (durchgezogene Kurven) wurde vorausgesetzt, daß die Linienbreite im gesamten Temperaturbereich oberhalb der Ordnung mit Hilfe dieses Modells beschrieben werden kann. Es wurden alle drei Größen als freie Parameter verwendet. Man findet, besonders im Fall $H\|c$, eine sehr gute Übereinstimmung zwischen den gemessenen Daten und der Anpassungskurve. Wie Abbildung 5.9 zeigt, tritt bei den Daten für $H\|a$ oberhalb von circa 500 K eine Abweichung auf, die mit zunehmender Temperatur größer wird. Dieses Verhalten legt nahe, daß bei hohen Temperaturen zusätzliche Relaxationsmechanismen an Bedeutung gewinnen. Die aus diesen Anpassungen erhaltenen Parameter ergeben, daß die Temperatur T_0, bei der die Dzyaloshinsky-Moriya-Wechselwirkung verschwindet, in der Orientierung $H\|a$ mit $T_0 = 19$ K unterhalb des Phasenübergangs bei $T_c = 34$ K liegt, während man für $H\|c$ eine höhere Temperatur erhält ($T_0 = 37$ K). Allgemein gilt, daß diese Temperatur T_0 nicht mit der Übergangstemperatur T_c korreliert sein muß, die kaum meßbare Anisotropie in der Linienbreite bei T_c (Abbildung 5.7) legt jedoch nahe, daß der Beitrag der Dzyaloshinsky-Moriya-Wechselwirkung zur Linienbreite bereits bei höheren Temperaturen verschwindet.

Die für beide Richtungen gefundenen Wechselwirkungskonstanten J sind fast identisch, mit $J_a = 878$ K bzw. $J_c = 895$ K jedoch wesentlich größer als der mit Hilfe verschiedener Meßmethoden bestimmte Wert von 560 K. Die Linienbreiten für $\Delta H_a(T \to \infty)$ und $\Delta H_c(T \to \infty)$ entsprechen, im Rahmen der Genauigkeit der Anpassung, dem nach Gleichung 5.19 erwarteten Zusammenhang $\Delta H_a/\Delta H_c \approx 0.5$.

Für die beiden anderen in Abbildung 5.9 gezeigten Anpassungen (gestrichelte Kurven) wurde der Parameter $J = 560$ K festgehalten und nur die Linienbreite $\Delta H(T \to \infty)$ und die Temperatur T_0 variiert, so daß die gemessene Linienbreite in einem mittleren Temperaturbereich von 80-400 K gut beschrieben wird. Dieses Szenario beruht auf der Annahme, daß bei hohen Temperaturen zusätzliche Relaxationsprozesse, deren Natur bisher unbekannt ist, auftreten. Die Werte für $\Delta H_a(T \to \infty)$ und $\Delta H_c(T \to \infty)$ stehen auch hier wieder im Verhältnis 1:2. Für $34\,\text{K} \leq T \leq 60$ K beobachtet man in der Anisotropie der Linienbreite einen zusätzlichen Beitrag (Abbildung 5.11), der sich unter der Annahme eines anisotropen Austausches erklären läßt (siehe un-

---

[2]Die Temperaturabhängigkeit der Linienbreite in der Orientierung $H\|b$ ist in diesem Temperaturbereich nahezu identisch mit der im Fall $H\|a$, so daß die Ergebnisse identisch sind.

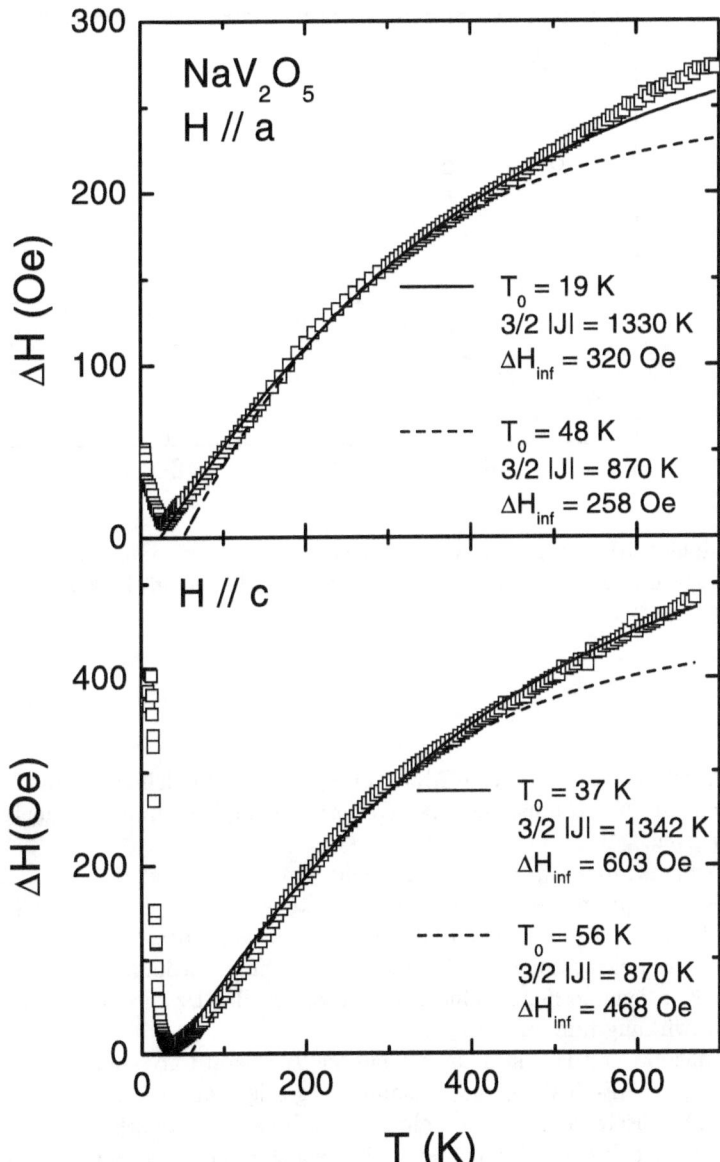

Abbildung 5.9: Temperaturabhängigkeit der Linienbreite mit dem externen Magnetfeld parallel zur a-Achse (oberes Bild) und zur c-Achse (unteres Bild), die Kurven zeigen die Anpassung der Daten, wie im Text beschrieben.

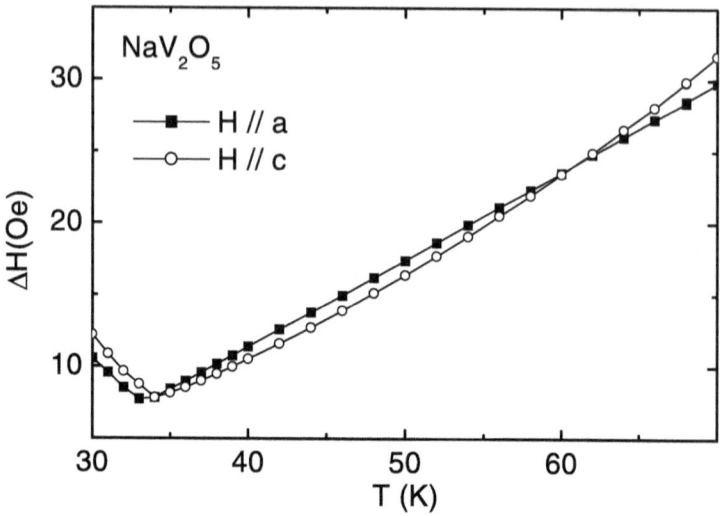

Abbildung 5.10: Temperaturabhängigkeit der Linienbreite in α'-NaV_2O_5 für die Orientierungen $H\|a$ und $H\|c$ im Temperaturbereich $60\,\text{K} \geq T \geq 34\,\text{K}$.

ten). Auch hier ist daher eine Abweichung von dem Modell einer ausschließlich von der Dzyaloshinsky-Moriya-Wechselwirkung bestimmten Linienbreite zu erwarten.

Die Temperaturen T_0, die man in diesem Fall erhält, sind mit $48\,\text{K}$ ($H\|a$) und $56\,\text{K}$ ($H\|c$) größer als die vorher erhaltenen. Eine mögliche Erklärung dafür ist das Einsetzen von Fluktuationen oberhalb der Ladungsordnung. Eine solche Lokalisierung der Ladungsträger könnte, bedingt durch eine höhere lokale Symmetrie, zu einem Verschwinden der Dzyaloshinsky-Moriya-Wechselwirkung führen.

Zusammenfassend läßt sich sagen, daß die Temperaturabhängigkeit der Linienbreite in α'-NaV_2O_5 die Annahme bestätigt, daß die Dzyaloshinsky-Moriya-Wechselwirkung den dominierenden Relaxationsprozeß darstellt. Eine genaue Analyse der Linienbreite wird jedoch dadurch erschwert, daß, bedingt durch das Auftreten anderer Relaxationsprozesse bei hohen Temperaturen und oberhalb des Phasenübergangs, der Gütigkeitsbereich des Modells nicht genau bestimmt werden kann. Im Rahmen dieser Einschränkungen ist jedoch eine physikalisch sinnvolle Beschreibung der Daten möglich.

5.1 α'-NaV$_2$O$_5$

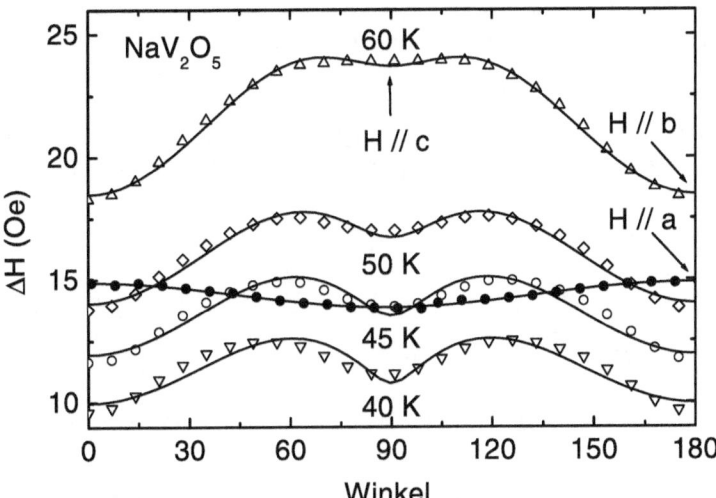

Abbildung 5.11: Winkelabhängigkeit der Linienbreite in der b-c-Ebene (offene Symbole) für verschiedene Temperaturen, die durchgezogenen Linien zeigen Anpassungen nach Gleichung 5.22. Ausgefüllte Kreise: Winkelabhängigkeit in der a-c-Ebene bei 45 K.

60 K $\geq T \geq$ 34 K: Fluktuationen oberhalb der Ladungsordnung

In dem Temperaturbereich direkt oberhalb des Phasenübergangs beobachtet man in der Linienbreite ein auffälliges „Überkreuzen" von ΔH_c und ΔH_a (siehe Abbildung 5.10). Hier ist, im Gegensatz zu dem oben diskutierten Hochtemperaturbereich und zu Temperaturen unterhalb von 34 K, die Linienbreite des Signals für $H\|a$ breiter als diejenige für $H\|c$. Ein Schlüssel zum Verständnis dieses Phänomens bietet die Anisotropie der Linienbreite in der b-c-Ebene, die in Abbildung 5.11 für verschiedene Temperaturen dargestellt ist. Die bei hohen Temperaturen beobachtete $(1+\cos^2\theta)$-Abhängigkeit (vergleiche Abbildung 5.6) wird von einer weiteren winkelabhängigen Funktion überlagert, die dazu führt, daß das Maximum der Linienbreite bei der c-Achse durch zwei zu dieser Achse symmetrische Maxima ersetzt wird.

Die beobachteten Änderungen in der Linienbreite betragen etwa 1-1.5 Oe. Nach der oben diskutierten Abschätzungen der Beiträge der verschiedenen Relaxationsprozesse zur Linienbreite (Gleichungen 5.14-5.16) kann dieser Effekt durch den anisotropen Austausch verursacht werden. Der Tensor der anisotropen Austausch-Wechselwirkung $\bar{\bar{J}}_{ij}$ hat in der Regel dieselben Hauptachsen wie der g-Tensor. In α'-NaV$_2$O$_5$ bedeutet das, daß die Hauptachsen mit den Achsen des Kristalls übereinstimmen. Als einfachster Ansatz für die Winkelabhängigkeit läßt sich daher folgende Kombination aus dem Beitrag der Dzyaloshinsky-Moriya-Wechselwirkung und des anisotropen Austausches annehmen:

$$\Delta H(\varphi) = A_{DM} \cdot (1 + \cos^2(\varphi - \varphi_0))$$
$$+ A_{ae}\sqrt{(J_{ij}^x)^2 \cdot \cos^2(\varphi - \varphi_0) + (J_{ij}^y)^2 \cdot \sin^2(\varphi - \varphi_0)} + \Delta H_0$$
$$= A_{DM} \cdot (1 + \cos^2(\varphi - \varphi_0)) \quad (5.21)$$
$$+ A_{ae} \cdot J_{ij}^x \sqrt{\cos^2(\varphi - \varphi_0) + \left(\frac{J_{ij}^y}{J_{ij}^x}\right)^2 \cdot \sin^2(\varphi - \varphi_0)} + \Delta H_0$$

Dieser Ansatz enthält jedoch ingesamt vier unabhängige Parameter. Es zeigt sich, daß die Anpassung der Kurven damit nicht eindeutig möglich ist. Gleichung 5.21 wurde daher, wie folgt, vereinfacht:

$$\Delta H(\varphi) \simeq A \cdot (1 + \cos^2(\varphi - \varphi_0))$$
$$+ A \cdot \sqrt{\sin^2(\varphi - \varphi_0) + \left(\frac{J_{ij}^y}{J_{ij}^x}\right)^2 \cdot \cos^2(\varphi - \varphi_0)} + \Delta H_0$$

(5.22)

Diese Vereinfachung geht von der Annahme aus, daß die Beiträge der beiden Wechselwirkungen etwa gleich groß sein müssen, um die beobachtete Winkelabhängigkeit zu verursachen. Obwohl es sich dabei um eine starke Vereinfachung handelt, zeigen die so generierten Kurven eine bemerkenswert gute Übereinstimmung mit den gemessenen Daten (Abbildung 5.11). Die für die Anpassung verwendeten Parameter sind in Tabelle 5.2 zusammengestellt. Die Parameter A und $(J_{ij}^y/J_{ij}^x)^2$ nehmen mit abnehmender Temperatur ab. Dies spiegelt die Beobachtung wider, daß die gesamte Anisotropie bei 34 K ein Minimum erreicht (im Rahmen der Meßgenauigkeit ist hier keine Anisotropie in der Linienbreite mehr feststellbar, siehe Abbildung 5.7).
In der a-c-Ebene und in der a-b-Ebene zeigt die Winkelabhängigkeit der Linienbreite einen Verlauf, der sich sowohl mit Gleichung 5.18 für eine von der Dzyaloshinski-Moriya-Wechselwirkung bestimmte Linienbreite als auch unter der Annahme einer von anisotropem Austausch dominierten Winkelabhängigkeit beschreiben läßt. Eine Unterscheidung aufgrund unterschiedlicher Anpassungen ist hier nicht möglich, wie aus Abbildung 5.12 ersichtlich ist. Eine Beschreibung mit der durch die Dzyaloshinski-Moriya-Wechselwirkung verursachten $1 + \cos^2(\theta)$-Abhängigkeit impliziert jedoch eine Drehung des

5.1 α'-NaV$_2$O$_5$

Temperatur (K)	A (Oe)	ΔH_0 (Oe)	$\left(\frac{J_{ij}^y}{J_{ij}^x}\right)^2$
40	10.34145	-10.71365	0.00617
45	12.0364	-12.12668	0.01773
50	13.13285	-12.22641	0.04164
60	16.71012	-14.95193	0.09765

Tabelle 5.2: Zusammenstellung der Parameter, die für die in Abbildung 5.11 gezeigten Anpassungen der Winkelabhängigkeit der Linienbreite nach Gleichung 5.22 verwendet wurden.

Vektors d_{ij} in die Richtung der a-Achse, da hier jetzt die Linienbreite maximal ist.

Das in diesem Abschnitt beschriebene Verhalten der Linienbreite, das sich mit der Konkurrenz zwischen Dzyaloshinsky-Moriya-Wechselwirkung und anisotropem Austausch erklären läßt, tritt in einem Temperaturbereich zwischen 65 K und dem Phasenübergang bei 34 K auf. In Proben, in denen der Phasenübergang durch Dotierung unterdrückt ist (wie zum Beispiel in der Probe mit 1.3 % Lithiumgehalt) beobachtet man dagegen keine Veränderung in der Winkelabhängigkeit. Die Linienbreite in der Orientierung $H\|c$ ist hier bei allen Temperaturen größer als die in der Richtung $H\|a$ (siehe Abbildung 5.18, Seite 93). Diese Beobachtung legt die Vermutung nahe, daß das Verhalten der Linienbreite durch eine bereits oberhalb von T_c einsetzende Ladungsordnung bestimmt wird. Hinweise darauf, daß die Ladungsordnung bereits bei etwa 80 K beginnt, finden sich auch in Messungen der Raman-Streuung [Fis99b]. Für die Interpretation der ESR-Ergebnisse sind zwei Szenarien denkbar. Eine Erklärungsmöglichkeit besteht darin, daß der anisotrope Austausch durch die Ladungsordnung verstärkt wird und somit den Einfluß der Dzyaloshinsky-Moriya-Wechselwirkung überwiegt. Dieses Modell kann jedoch nicht erklären, daß die gesamte Anisotropie bei T_c zu verschwinden scheint und die Größe der Anisotropie mit abnehmender Temperatur abnimmt. Eine andere Möglichkeit wäre, daß durch die Ladungsordnung ein Inversionszentrum zwischen zwei benachbarten Vanadium-Spins entsteht. Nach den von Moriya angegebenen Regeln (siehe Kapitel 2.3, Seite 21) verschwindet dann die Dzyaloshinsky-Moriya-Wechselwirkung und die (wesentlich geringere) Wirkung des anisotropen Austausches wird sichtbar. Dieses Szenarium wird durch die Anpassungen der Temperaturabhängigkeit

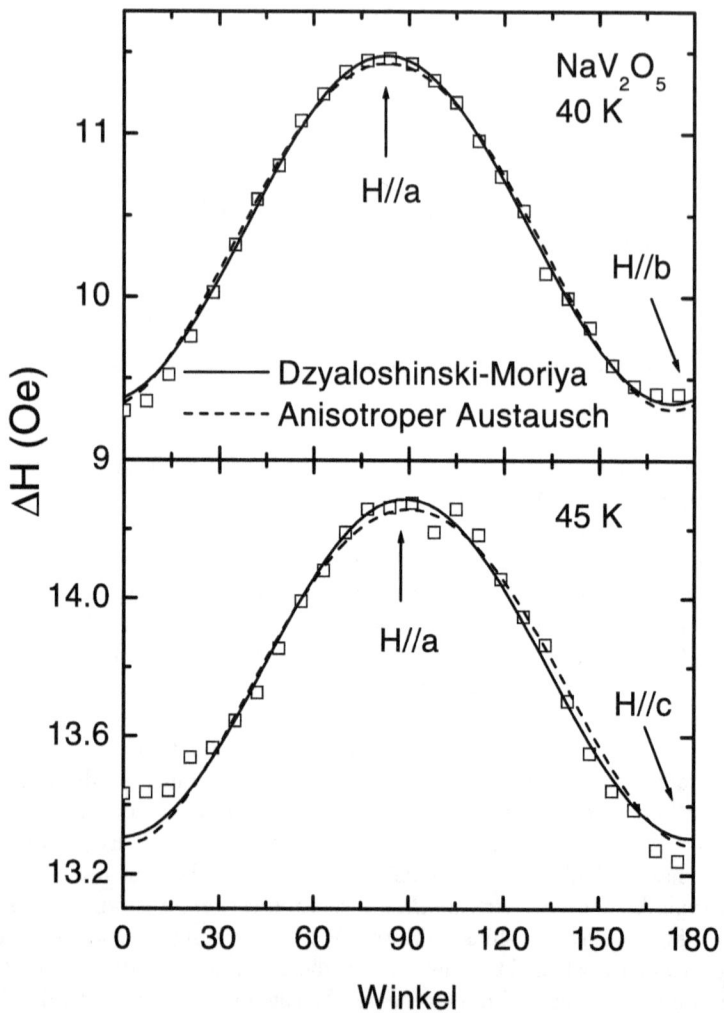

Abbildung 5.12: Winkelabhängigkeit der Linienbreite in der a-b-Ebene (oberes Bild) und in der a-c-Ebene (unteres Bild) bei 40 K bzw. 45 K.

5.1 α'-NaV$_2$O$_5$

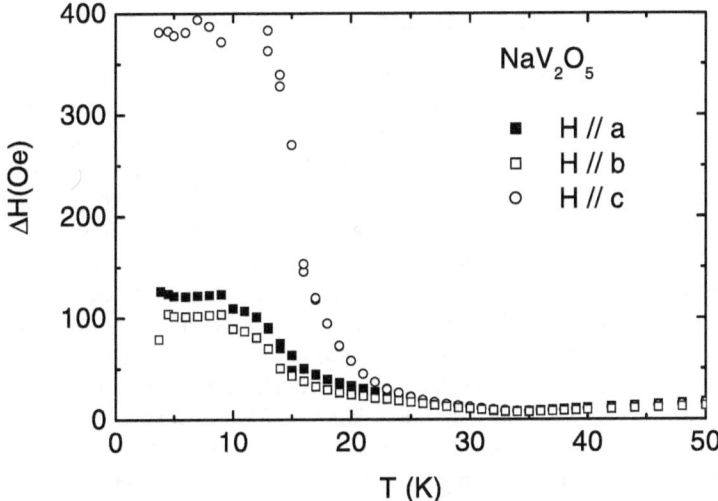

Abbildung 5.13: Temperaturabhängigkeit der Linienbreite in α'-NaV$_2$O$_5$ für verschiedene Orientierungen im externen Magnetfeld im Tieftemperaturbereich.

der Linienbreite im vorherigen Abschnitt unterstützt, die Hinweise darauf liefern, daß die Dzyaloshinsky-Moriya-Wechselwirkung bereits bei $T > T_c$ verschwindet. Es ist außerdem konsistent mit der von S. van Smaalen und J. Lüdecke vorgeschlagenen Verteilung der Vanadium-Valenzen in der Tieftemperaturstruktur [vS99]. Entlang der modulierten Leitern (siehe Abbildung 4.9, Seite 62) entsteht danach eine Zick-Zack-Ordnung der V^{4+} und V^{5+}-Ionen. Zwischen zwei dieser gegenüberliegenden V^{4+}-Ionen entsteht durch die Ordnung ein Inversionszentrum. Die hier gezeigten ESR-Messungen bestätigen somit eindeutig die von van Smaalen und Lüdecke postulierte Form der Ladungsordnung für die modulierten Leitern. Unklar ist allerdings, welche Auswirkung diese Ordnung auf die Elektronenspins in den unmodulierten Leitern hat. In dem Modell von van Smaalen sind diese Elektronen weiterhin auf den Leitersprossen delokalisiert, sie müßten also weiterhin der Dzyaloshinsky-Moriya-Wechselwirkung unterliegen, was im Widerspruch zu den hier gemachten Beobachtungen steht.

Der Phasenübergang bei 34 K und der Tieftemperatur-Bereich

Unterhalb von 34 K steigt die Linienbreite für alle Orientierungen des Kristalls im externen Magnetfeld monoton an. Die Zunahme der Linienbreite ist, wie der Vergleich mit den dotierten Proben zeigt (Abbildung 5.13 und 5.17, Seite 92), mit dem Phasenübergang bei 34 K korreliert. Der Anstieg wird mit zunehmender Dotierung immer schwächer. Diese Beobachtung liefert einen Hinweis auf die Natur dieser Verbreiterung. Während das ESR-Signal bei hohen Temperaturen stark austauschverschmälert ist, läßt diese Austauschverschmälerung, bedingt durch die zunehmende Lokalisierung der Sondenspins bei der Ladungsordnung, zu tiefen Temperaturen hin immer mehr nach. Die Anisotropie und die absolute Größe der Linienbreite bei tiefen Temperaturen legt die Vermutung nahe, daß es sich um eine nicht aufgelöste Hyperfeinstruktur handeln könnte. Man erwartet für ^{51}V (Kernspin $I = 7/2$) eine Hyperfeinstruktur mit 8 Linien, deren Abstand durch die Hyperfeinwechselwirkungskonstante $A_\parallel \simeq 190\,Oe$ [Al'64] gegeben ist. Die gesamte Hyperfeinstruktur würde damit eine Ausdehnung von etwa 800 Oe haben und so zu einer Halbwertsbreite von maximal 400 Oe führen. Dieser Wert liegt in derselben Größenordnung wie die gemessene Linienbreite. Auch die Anisotropie der Linienbreite bei tiefen Temperaturen läßt sich mit diesem Modell erklären, da für das Verhältnis von $A_\parallel/A_\perp \simeq 2$ gilt [Al'64]. Im Gegensatz zu β-$Cu_{0.33}V_2O_5$, wo bereits bei $T \simeq 100\,K$ eine Vanadium-Hyperfeinstruktur beobachtet wurde (Abbildung 2.4, Seite 24), konnte diese in reinem α'-NaV_2O_5 bis zu tiefsten Temperaturen nicht eindeutig nachgewiesen werden.

5.1.5 Suszeptibilität

Abbildung 5.14 zeigt die Spin-Suszeptibilität eines α'-NaV_2O_5-Einkristalls in der Orientierung $H\|a$. Die Spin-Suszeptibilität wurde durch die Messung der Intensität des ESR-Signals bestimmt. Eine Abschätzung der ESR-Intensität zeigte, daß, wie erwartet, etwa 50 % des in der Probe enthaltenen Vanadiums zum ESR-Signal beiträgt. Da die Bestimmung von Absolut-Werten der Suszeptibilität auf diese Weise jedoch stark fehlerbehaftet ist, wurden diese durch einen Vergleich mit an derselben Probe ausgeführten Squid-Messungen erhalten. Eine Orientierungsabhängigkeit der Suszeptibilität, wie sie in der Literatur berichtet wird [Wei97], konnte im Rahmen der Meßgenauigkeit nicht nachgewiesen werden.

Die Suszeptibilität in α'-NaV_2O_5 folgt bei hohen Temperaturen dem für eindimensionale Spinketten erwarteten Bonner-Fisher-Verhalten [Bon64]. Wie

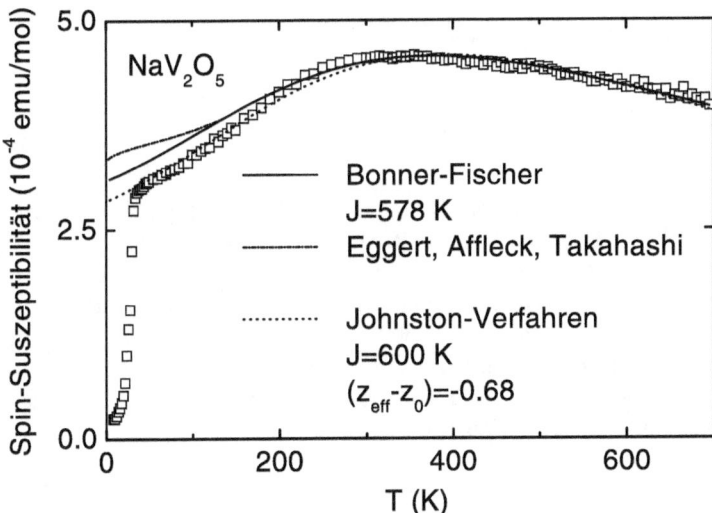

Abbildung 5.14: Spin-Suszeptibilität eines α'-NaV$_2$O$_5$-Einkristalls für $H\|a$, die Kurven zeigen Anpassungen mit dem Bonner-Fisher-Modell [Bon64] (bzw. der Rechnung von Eggert, Affleck und Takahashi [Egg94]) und dem Johnston-Verfahren (siehe Text)).

von Seo et al. gezeigt [Seo98], ist dies auch das Verhalten, das man von einer viertelgefüllten Spin-Leiter erwartet, da sich ein solches System auf eine eindimensionale Spinkette abbilden läßt. Unterhalb von $T \simeq 250$ K beobachtet man jedoch deutliche Abweichungen von diesem Modell. Ein Anpassung nach dem Bonner-Fisher-Modell für eine eindimensionale Spinkette mit $J = 578$ K ist in Abbildung 5.14 dargestellt (durchgezogene Kurve). Das Maximum und der Hochtemperaturbereich werden gut beschrieben, unterhalb des Maximums dagegen fällt die Suszeptibilität mit abnehmender Temperatur wesentlich schneller ab, als nach dem Modell erwartet. Diese Abweichung ist noch ausgeprägter, wenn man mit der genaueren Rechnung von Eggert, Affleck und Takahashi [Egg94] vergleicht (gestrichelte Kurve in Abbildung 5.14, da beide Rechnungen für $T \geq 0.25J \simeq 145$ K übereinstimmen, ist nur der Tieftemperaturbereich gezeigt). Um die Möglichkeit zu überprüfen, daß diese Abweichung durch eine, in dem Modell von Bonner und Fisher nicht berücksichtigte, Zwischenkettenkopplung verursacht wird, wurden die Meßdaten mit Hilfe des Johnston-Verfahrens analysiert. In die in Kapitel 3.1.2

beschriebene Gleichung (Seite 41)

$$\chi(T) = \frac{\chi_0(T)}{1 + 2(z_{\text{eff}} - z_0)[\chi_0(T) J^{\max}/Ng^2\mu_B^2]} \quad (3.22)$$

wurde für χ_0 die Suszeptibilität des Bonner-Fisher-Modells eingesetzt. Dabei wurde angenommen, daß $J^{\max} \simeq J$, d. h. daß die Wechselwirkung in Leiterrichtung dominiert. Das Ergebnis der Anpassung ist in Abbildung 5.14 als gepunktete Linie gezeigt. Man erhält einen etwas größeren Wert für die Wechselwirkungskonstante $J = 600\,\text{K}$ (in Vergleich zu $J = 578\,\text{K}$ für das einfache Bonner-Fisher-Modell). Der zweite freie Parameter ($z_{\text{eff}} - z_0$) gibt Aufschluß über die Dimensionalität des Systems. Für eine eindimensionale Spinkette gilt $z_0 = 2$, so daß sich aus der Anpassung ergibt:

$$z_{\text{eff}} = 1.32 \quad (5.23)$$

Im Vergleich zu einer eindimensionalen Spinkette ohne Zwischenkettenkopplung ist dieser Wert sogar geringer (er liegt näher an dem Ergebnis für Dimere mit $z_0 = 1$ als an dem für eine Spinkette), so daß die Existenz einer Zwischenkettenkopplung als Erklärung für die Abweichung der Suszeptibilität von der einer eindimensionalen Spinkette ausgeschlossen werden kann.
Gleichzeitig zeigt eine genaue Betrachtung der mit dem Johnston-Verfahren erhaltenen Anpassung, daß die Suszeptibilität in dem Temperaturbereich $200\,\text{K} \leq T \leq 300\,\text{K}$ schlechter beschrieben wird als von dem einfachen Bonner-Fisher Modell. Es kann daher angenommen werden, daß diese Anpassung, obwohl die Beschreibung der Meßdaten zunächst besser erscheint (möglicherweise bedingt durch die Verwendung von einem freien Parameter mehr), physikalisch nicht sinnvoll ist.
Auch die Existenz von Frustration bedingt durch Wechselwirkungen zwischen einem Spin und seinem übernächsten Nachbarn bietet keine Erklärung für das Verhalten der Suszeptibilität. Mit wachsender Frustration nimmt die Krümmung der Suszeptibilität zu (vergleiche Abbildung 3.3), so daß entweder nur der Bereich unterhalb des Maximums oder der Hochtemperaturbereich beschrieben werden können.
Eine weitere Erklärungsmöglichkeit ist die Existenz von Fluktuationen, die dem Phasenübergang bei $34\,\text{K}$ vorausgehen. Für diese Erklärung spricht, daß bereits in der Analyse der ESR-Linienbreite Hinweise auf das Vorhandensein solcher Fluktuationen oberhalb des Übergangs gefunden wurden. Eine quantitative Abschätzung dieses Beitrags zur Spin-Suszeptibilität ist jedoch leider nicht möglich.

5.1 α'-NaV$_2$O$_5$

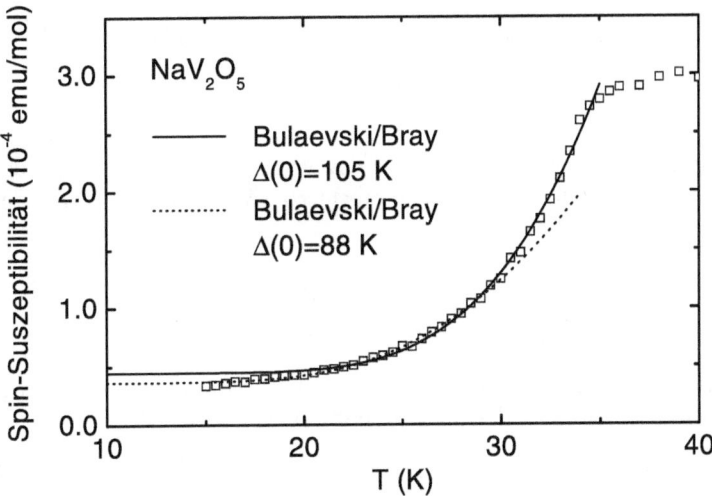

Abbildung 5.15: Spin-Suszeptibilität eines α'-NaV$_2$O$_5$-Einkristalls für $T <$ 34 K, die Kurven zeigen Anpassungen mit dem Modell von Bulaevskii [Bul69] und Bray [Bra75] für verschieden Werte der Energielücke.

Unterhalb des Phasenübergangs nimmt die Suszeptibilität mit abnehmender Temperatur exponentiell ab (Abbildung 5.15), dies ist ein Hinweis auf die Bildung einer Spinanregungslücke (zum Beispiel bedingt durch eine Dimerisierung der Spins) bei tiefen Temperaturen. Dieses Verhalten kann mit dem von Bulaevskii [Bul69] und Bray et al. [Bra75] vorgeschlagenen Modell für eine alternierende Spinkette beschrieben werden (durchgezogene Linie in Abbildung 5.15). Die Suszeptibilität in diesem Modell ist gegeben durch:

$$\chi(T) = \frac{g^2 \mu_B^2}{\tilde{J}} \frac{\alpha(\gamma)}{T} e^{-(\tilde{J} \cdot \Delta(\gamma))/T} \quad (3.24)$$

Der Alternierungsparameter γ ist nach der Erweiterung des Modells von Bray et al. ebenfalls temperaturabhängig. In diesem Fall läßt sich allerdings die Suszeptibilität nicht mehr in einer geschlossenen Form angeben, was die Anpassung der Meßdaten erschwert. Aus diesem Grund wurde hier zunächst von einem konstanten Alternierungsparameter ausgegangen. Man erhält die beste Beschreibung der Daten mit $\tilde{J} \cdot \Delta(\gamma) = 256\,\mathrm{K}$. Unter der Annahme, daß der mittlere Wert der Austauschkonstanten in der dimerisierten Phase gleich dem im nicht-dimerisierten Zustand bestimmten Austausch J ist, gilt:

$$\frac{\tilde{J} \cdot (1+\gamma)}{2} = J \tag{5.24}$$

Daraus gewinnt man einen Wert für das Verhältnis $\Delta(\gamma)/(1+\gamma)$, aus dem wiederum (mit Hilfe der in [Bul69] tabellierten Werte und $J = 578\,\text{K}$) folgt:

$$\gamma = 0.8 \tag{5.25}$$
$$\Longrightarrow \tilde{J} = 642\,\text{K} = J_1 \tag{5.26}$$
$$\gamma\tilde{J} = 514\,\text{K} = J_2 \tag{5.27}$$

Mit der Definition der Dimerisierung $\delta := (1-\gamma)/(\gamma+1)$ und Gleichung 3.28 läßt sich die Größe der Energielücke bestimmen:

$$\Delta(T=0) = 105\,\text{K} \tag{5.28}$$

Die mit diesen Parametern erzeugte Funktion beschreibt die Daten relativ gut, allerdings ist zu berücksichtigen, daß durch die Annahme einer konstanten Dimerisierung eine Näherung gemacht wurde, die eigentlich nur bei tiefen Temperaturen zutrifft. Für die zweite in Abbildung 5.15 gezeigte Kurve (gepunktet) wurden daher nur die Meßdaten unterhalb von $20\,\text{K}$ verwendet. Man erhält in diesem Fall einen etwas größeren Alternierungsparameter von $\gamma = 0.83$ und eine Energielücke von $\Delta(T=0) = 88\,\text{K}$. Das Problem bei dieser Methode ist jedoch, daß gerade die Meßwerte bei tiefen Temperaturen stärker fehlerbehaftet sind, da hier die geringe Intensität des Signal und die zunehmende Linienbreite die Messung erschweren.

Einen anderen Ansatz zur Analyse der Daten zeigt Abbildung 5.16. Hier wurde angenommen, daß sich das System im Rahmen einer Molekularfeld-Theorie beschreiben läßt. In diesem Fall erwartet man für die Energielücke $\Delta(T)$ die in Abbildung 3.9 dargestellte Temperaturabhängigkeit (analog zur BCS-Theorie der Supraleitung). Die Suszeptibilität folgt dann einem exponentiellen Verlauf und kann entsprechend angepaßt werden:

$$\chi(T) \propto e^{-(\Delta(T)/T)} \tag{3.27}$$

Die beste Beschreibung der Daten (durchgezogene Kurve in Abbildung 5.16) erhält man mit:

$$\begin{aligned} \Delta(0) &= 98\,\text{K} \\ T_{\text{SP}} &= 33.5\,\text{K} \end{aligned} \tag{5.29}$$

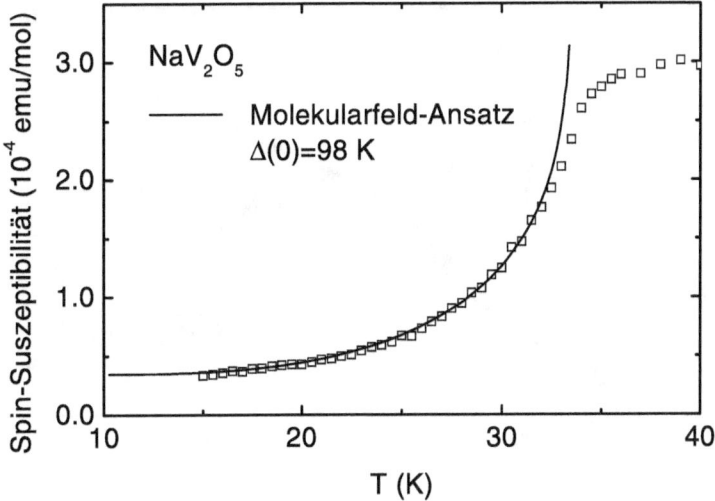

Abbildung 5.16: Spin-Suszeptibilität eines α'-NaV$_2$O$_5$-Einkristalls für $T <$ 34 K, die Kurve stellt eine Anpassung mit einer temperaturabhängigen Energielücke gemäß einer Molekularfeld-Theorie dar.

Da bei dieser Beschreibung der Daten (abgesehen von den in der Molekularfeld-Theorie impliziten) keine Näherungen gemacht wurden, ist sie der zuerst diskutierten Anpassung nach dem Modell von Bulaevskii und Bray et al. vorzuziehen. Die so ermittelte Energielücke stimmt gut mit den in anderen Meßmethoden gefundenen Werten überein (vergleiche Tabelle 4.2, Seite 56). Allerdings findet man für das Verhältnis zwischen Energielücke und Übergangstemperatur einen wesentlich größeren Wert als nach der Molekularfeld-Theorie erwartet:

$$2\Delta(0)/T_{\mathrm{SP}} = 5.85 \gg 3.53 \qquad (5.30)$$

Der erhöhte Wert dieses Verhältnisses ist ein Hinweis auf die ungewöhnliche Natur des Übergangs, der sich nicht im Rahmen eines einfachen Modells für einen Spin-Peierls-Übergang erklären läßt. Der Verlauf der Suszeptibilität bei einer Ladungsordnung, wie sie von van Smaalen und Lüdecke postuliert wurde [vS99], ist bisher jedoch nicht bekannt. Die Verwendung einer Molekularfeld-Theorie zur Beschreibung der Suszeptibilität ist nicht an ein bestimmtes Bild für die Dimerisierung gebunden und läßt sich (in Ermangelung eines passenden Modells für die Ladungsordnung in α'-NaV$_2$O$_5$) durch die gute Beschreibung der Meßdaten rechtfertigen.

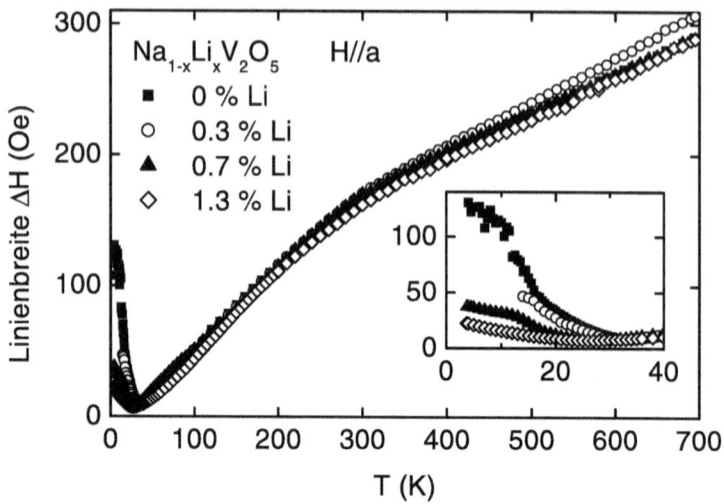

Abbildung 5.17: Temperaturabhängigkeit der Linienbreite in $Na_{1-x}Li_xV_2O_5$-Einkristallen mit unterschiedlichem Lithium-Gehalt x für $H\|a$.

5.2 Die Dotierungsreihe $Na_{1-x}Li_xV_2O_5$

Im folgenden Abschnitt werden die Ergebnisse der ESR-Messungen an der Dotierungsreihe $Na_{1-x}Li_xV_2O_5$ für $x = 0\%$, 0.015%, 0.3%, 0.5%, 0.7%, 0.9%, 1.3% vorgestellt. Die Herstellung und Charakterisierung der Proben wurde bereits in Abschnitt 5.1.1 erläutert. Die Lithium-Ionen besetzen dieselben kristallographischen Plätze wie die Natrium-Ionen und haben wie diese die Wertigkeit +1.

Die Temperaturabhängigkeit der Linienbreite in verschieden Lithium-dotierten Proben für $H\|a$ ist in Abbildung 5.17 dargestellt. Bei Temperaturen oberhalb des Phasenübergangs wird die Linienbreite durch die Dotierung kaum beeinflußt. Die bei hohen Temperaturen sichtbaren Unterschiede in der Linienbreite zwischen verschieden dotierten Proben folgen keiner Systematik und sind wahrscheinlich auf geringfügige Abweichungen in der Orientierung der Kristalle im äußeren Magnetfeld zurückzuführen[3].

Das „Überkreuzen" der Linienbreiten in a- und c-Richtung im Temperaturbereich $60\,K \geq T \geq 34\,K$ (bedingt durch eine Konkurrenz von anisotropem

---

[3]Bei Temperaturen $T > 300\,K$ werden die Proben mit NaCl in dem Probenröhrchen fixiert, dabei ist eine exakte Orientierung schwierig. Die in Abbildung 5.17 gezeigte maximale Differenz in der Linienbreite entspricht einer Fehlorientierung von etwa 10°.

5.2 Die Dotierungsreihe Na$_{1-x}$Li$_x$V$_2$O$_5$

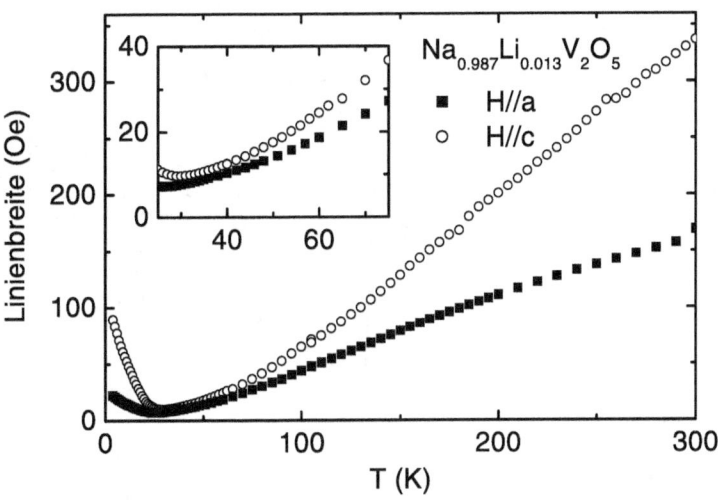

Abbildung 5.18: Temperaturabhängigkeit der Linienbreite in Na$_{0.987}$Li$_{0.013}$V$_2$O$_5$ für $H\|a$ und $H\|c$.

Austausch und Dzyaloshinksi-Moriya-Wechselwirkung, siehe Abschnitt 5.1.4) bleibt bei Dotierung mit Lithium zunächst bestehen, wird aber bei hohen Dotierungen ($x = 1.3\,\%$, siehe Abbildung 5.18) unterdrückt. Wie die Messung der Spin-Suszeptibilität in dieser Probe zeigt (Abbildung 5.22), verschwindet zugleich auch der Phasenübergang bei 34 K. Damit wird der bereits in Abschnitt 5.1.4 angesprochene Zusammenhang zwischen diesem Effekt und der Ladungsordnung bestätigt.

Unterhalb des Phasenübergangs steigt die Linienbreite mit abnehmender Temperatur an. Der Anstieg wird ebenfalls mit zunehmender Lithium-Dotierung schwächer. Bei der Diskussion der Temperaturabhängigkeit der Linienbreite in undotiertem NaV$_2$O$_5$ wurde eine unvollständig verschmälerte Hyperfeinstruktur als Ursache dieses Anstiegs vorgeschlagen. Der in den Lithium-dotierten Proben beobachtete, geringere Anstieg läßt sich dann als Hinweis darauf verstehen, daß die Austauschwechselwirkung, die die Hyperfeinstruktur verschmälert, in diesen Proben stärker ist als in undotiertem NaV$_2$O$_5$. Geht man davon aus, daß in den Lithium-haltigen Proben die Ladungsordnung mit zunehmendem Lithium-Gehalt immer stärker behindert wird, dann läßt sich die Zunahme der Austauschwechselwirkung als direkte Konsequenz der nachlassenden Ladungslokalisierung verstehen.

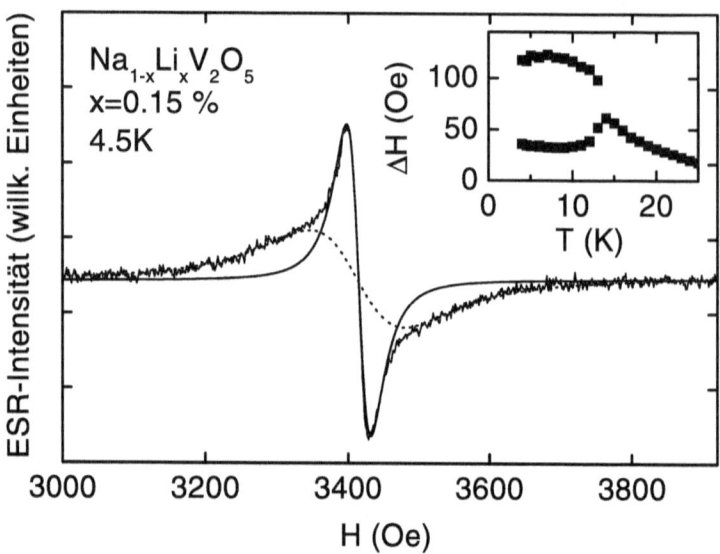

Abbildung 5.19: ESR-Spektrum von $Na_{0.9985}Li_{0.0015}V_2O_5$ als Beispiel für eine Probe mit Fremdphase. Die Linien stellen Anpassungen der beiden Signale mit Lorentzlinien dar. Der Einschub zeigt den Verlauf der Linienbreiten beider Signale.

In einigen der gemessenen Proben (besonders bei geringen Lithium-Dotierungen) beobachtet man bei tiefen Temperaturen ($T \lesssim 12\,\text{K}$) die Existenz einer zweiten, schmaleren Linie. Ein Beispiel für ein solches Spektrum ist in Abbildung 5.19 dargestellt. Während in dem hier gezeigten Fall eine Trennung beider Signale durch eine entsprechende Anpassung mit zwei Lorentzlinien möglich war, konnte bei der in Abbildung 5.17 gezeigten Probe mit $x = 0.3\,\%$ unterhalb von $12\,\text{K}$ die Linienbreite nicht mehr eindeutig bestimmt werden. Die Existenz dieses zweiten Signals ist ein Anzeichen dafür, daß die Proben geringe Mengen einer bisher noch nicht identifizierten Fremdphase enthalten. Das Signal dieser Fremdphase ist erst zu beobachten, wenn das Signal der eigentlichen Probe aufgrund der exponentiell abnehmenden Suszeptibilität verschwindet. Der Anteil dieser Fremdphase ist, nach einer Abschätzung der ESR-Intensität, kleiner als $3\,\%$, womit erklärbar ist, daß in Messungen der Röntgenstreuung keine Anzeichen davon gefunden wurden.

Der g-Faktor wird im Rahmen der Meßgenauigkeit oberhalb des Phasenüber-

5.2 Die Dotierungsreihe $Na_{1-x}Li_xV_2O_5$

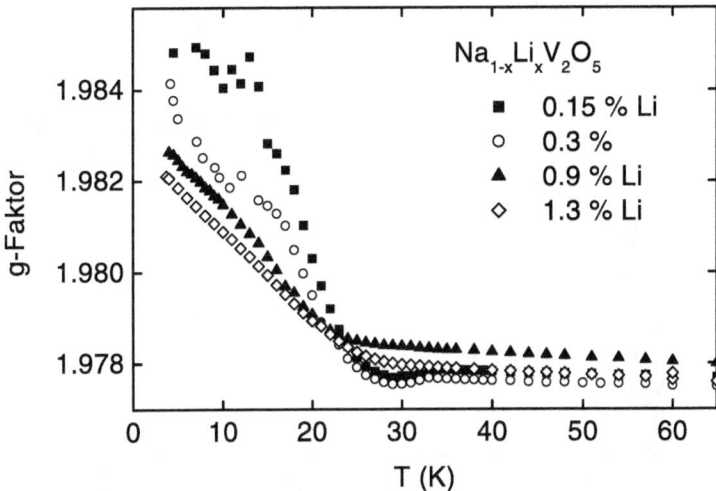

Abbildung 5.20: Temperaturabhängigkeit des g-Faktors in $Na_{1-x}Li_xV_2O_5$ bei tiefen Temperaturen.

gangs nicht durch die Lithium-Dotierung beeinflußt. Die in Abbildung 5.20 gezeigten Differenzen zwischen den g-Faktoren für $T > 34\,\text{K}$ von $\Delta g \simeq 0.0004$ (dies entspricht einer Änderung im Resonanzfeld von $\Delta H_{\text{res}} \simeq 1\,\text{Oe}$) können durch Ungenauigkeiten in der Eichung des Magnetfeldes verursacht werden. Die Winkelabhängigkeit der g-Faktoren in den dotierten Proben entspricht der in undotiertem NaV_2O_5 (Abbildung 5.3, Seite 69).
Der Anstieg des g-Faktors unterhalb des Phasenübergangs wird durch Dotierung mit Lithium abgeschwächt. Diese Beobachtung ist konsistent mit der Annahme, daß der Anstieg durch eine Veränderung der Spin-Bahn-Kopplung (hervorgerufen durch die Ladungsordnung) verursacht wird.

Die Temperaturabhängigkeit der Spin-Suszeptibilität der Lithium-dotierten Proben ist in Abbildung 5.21 dargestellt. Der Verlauf der Suszeptibilität im Hochtemperaturbereich wird durch die Dotierung nicht beeinflußt. Eine Anpassung der Suszeptibilität analog zu Abbildung 5.14 (Seite 87) ergab keine Änderung in der Größe der Austauschkonstanten J im Vergleich zu undotiertem NaV_2O_5. Bei tiefen Temperaturen beobachtet man dagegen eine deutliche Verschiebung des Phasenübergangs zu tieferen Temperaturen hin und einen Curie-artigen Anstieg der Suszeptibilität, der mit zunehmender Lithium-Konzentration anwächst (Abbildung 5.22).

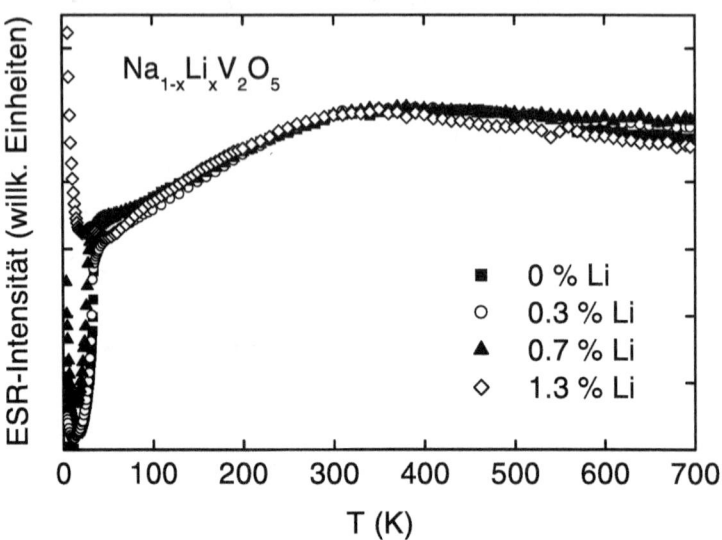

Abbildung 5.21: Temperaturabhängigkeit der ESR-Intensität in $Na_{1-x}Li_xV_2O_5$ für verschiedene Dotierungen x.

Zur Auswertung der Daten wurde zunächst an die Meßwerte bei tiefen Temperaturen ($T < 10\,\text{K}$) ein Curie-Verhalten $\chi(T) \propto 1/T$ angepaßt und dann von den Daten abgezogen. Die so erhaltenen Datensätze wurden, wie bereits in Abbildung 5.16 (Seite 91) für undotiertes NaV_2O_5 gezeigt, mit einer temperaturabhängigen Energielücke und Gleichung 3.27 (Seite 43) angepaßt. Die entsprechenden Anpassungen sind in Abbildung 5.23 dargestellt.

Diese Methode der Auswertung bietet gegenüber der nach dem Modell von Bulaevskii den Vorteil, daß die Daten bei tiefen Temperaturen nicht überbewertet werden. Bei einer Anpassung mit dem Bulaevskii-Modell muß dagegen die Größe der Energielücke aus den Daten bei tiefen Temperaturen bestimmt werden. Durch den mit der Lithium-Dotierung zunehmenden Curie-Anteil der Suszeptibilität sind aber gerade diese Tieftemperaturdaten besonders fehlerbehaftet, da die eindeutige Bestimmung dieses Anteils schwierig ist.

Die in Abbildung 5.23 gezeigten Anpassungen beschreiben die Daten für die niedrigen Dotierungen sehr gut. Bei höher dotierten Proben wird der Phasenübergang nicht nur zu tieferen Temperaturen verschoben, sondern auch in der Temperatur verbreitert. Besonders ausgeprägt ist diese Verbreiterung

5.2 Die Dotierungsreihe $Na_{1-x}Li_xV_2O_5$

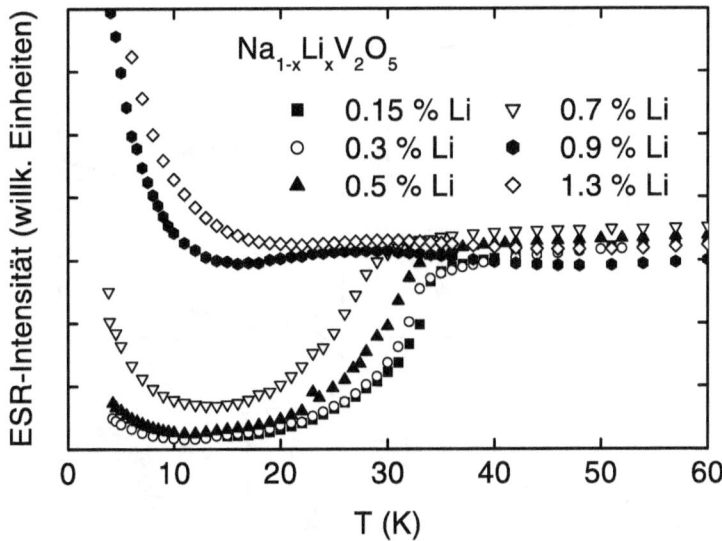

Abbildung 5.22: Temperaturabhängigkeit der ESR-Intensität in $Na_{1-x}Li_xV_2O_5$ für $T < 34\,K$.

bei der Probe mit $x = 0.9\,\%$ (Abbildung 5.23). Die Ursache dafür sind wahrscheinlich Inhomogenitäten in der Lithium-Dotierung, die zu einer Verteilung der Übergangstemperaturen und damit zu einer Verbreiterung führen. Aus diesem Grund nehmen die Fehler der durch die Anpassung bestimmten Übergangstemperaturen bei hohen Dotierungen stark zu.
In der Probe mit $x = 1.3\,\%$ ist in den Originaldaten kein Abfall der Suszeptibilität zu tiefen Temperaturen hin mehr erkennbar. Der Curie-Anteil in dieser Probe ist daher nur schwer zu bestimmen, so daß die nach Abzug des Curie-Beitrags entstandene Abnahme der Suszeptibilität wahrscheinlich auf einer Überschätzung dieses Beitrags beruht.

Die Ergebnisse der Anpassungen aus Abbildung 5.23 sind in Abbildung 5.24 dargestellt. Die Temperatur des Phasenübergangs T_c und die Energielücke $\Delta(T = 0)$ nehmen mit zunehmender Lithiumkonzentration monoton ab. Die Übergangstemperatur T_c folgt dabei, im Rahmen der aus der Anpassung resultierenden Genauigkeit, einer quadratischen Abhängigkeit von der Konzentration x (durchgezogene Kurve in Abbildung 5.24 links):

$$T_c \propto a - x^2 \qquad (5.31)$$

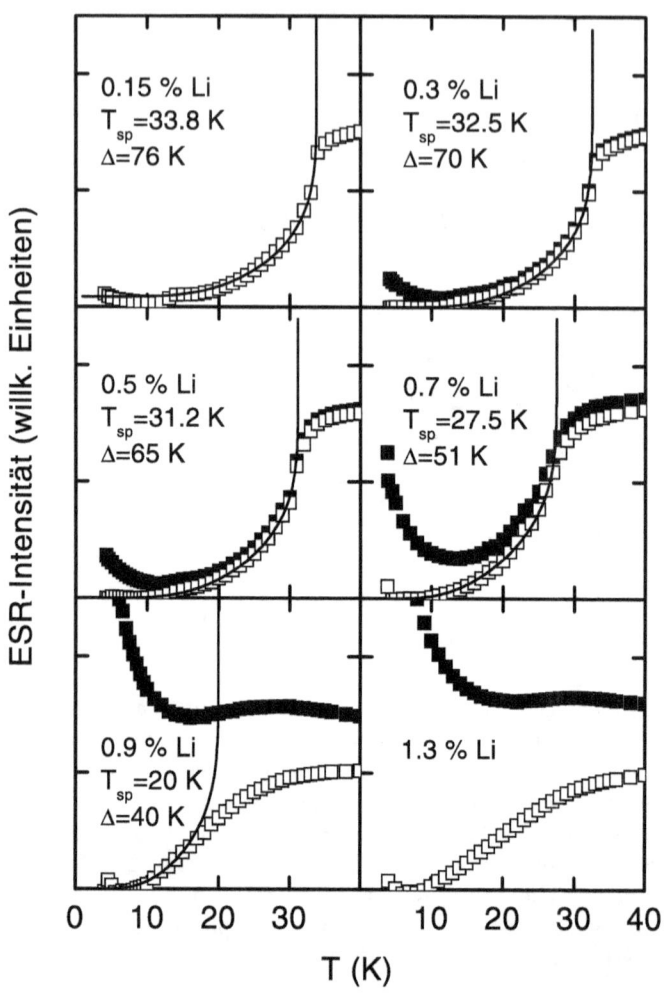

Abbildung 5.23: Anpasssung der ESR-Intensität von $Na_{1-x}Li_xV_2O_5$ bei tiefen Temperaturen mit einem Curie-Anteil und einer temperaturabhängigen Energielücke (Molekularfeldtheorie); die geschlossenen Symbole entsprechen den Originaldaten (mit Ausnahme der $x = 0.15\%$-Probe: hier sind offene Symbole verwendet), die offenen zeigen die Daten abzüglich des Curie-Anteils.

5.2 Die Dotierungsreihe $Na_{1-x}Li_xV_2O_5$

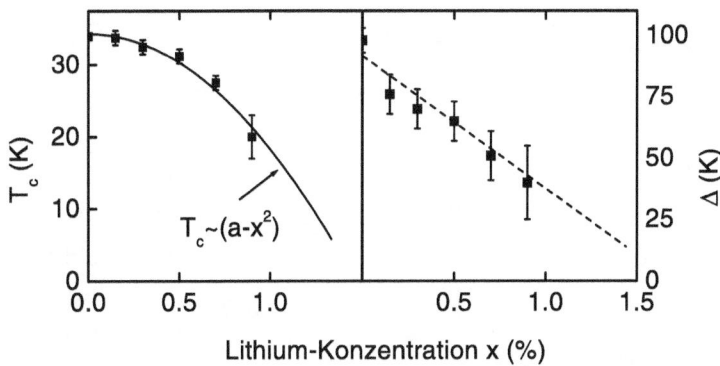

Abbildung 5.24: Abhängigkeit der Übergangstemperatur T_c und der Energielücke $\Delta(0)$ von der Lithium-Dotierung x in $Na_{1-x}Li_xV_2O_5$.

Die Energielücke zeigt dagegen eine näherungsweise lineare Abnahme mit dem Lithium-Gehalt, wie die gestrichelte Gerade im rechten Teil von Abbildung 5.24 verdeutlicht. Interessant ist, daß sich das Verhältnis von $\Delta(0)$ und der Übergangstemperatur für hohe Dotierungen dem nach der Molekularfeldtheorie erwarteten Wert nähert.
Diese Ergebnisse können mit Messungen an Proben mit Natrium-Defizit $Na_{1-\delta}V_2O_5$ verglichen werden, wie sie von Isobe und Ueda ([Iso97b], [Iso98]) durchgeführt wurden. Auch hier wird der Phasenübergang zu tiefen Temperaturen verschoben, und man beobachtet einen mit dem Natrium-Defizit zunehmenden Curie-Anstieg der Suszeptibilität. Der Phasenübergang wird jedoch erst bei $\delta \simeq 3\,\%$ vollständig unterdrückt (im Gegensatz zur Lithium-Dotierung, wo dies bereits bei $1.3\,\%$ Lithium beobachtet wird).
Leider existiert zur Zeit keine theoretische Vorhersage für die Unterdrückung des Phasenübergangs durch Dotierung in NaV_2O_5. Man kann allerdings Vermutungen über die relevanten physikalischen Parameter anstellen. Eine mögliche Ursache könnte eine Veränderung der Gitterparameter durch die Dotierung sein. Diese zeigen jedoch nur eine geringe Abhängigkeit von der Lithiumkonzentration (siehe Tabelle 5.3), so daß eine Veränderung des Kristallgitters als Ursache für die Unterdrückung des Phasenübergangs sehr unwahrscheinlich ist.

Eine andere mögliche Erklärung bietet folgendes Szenarium. In einem einfachen Spin-Peierls-System ist die Temperatur des Phasenübergangs von der Stärke der Elektron-Phonon-Kopplung λ und der Frequenz des Kopplungs-

Lithium-Gehalt (%)	a (Å)	b (Å)	c (Å)	V(Å³)
0	11.312(3)	3.6106(9)	4.8031(10)	196.17(12)
0.15	11.307(3)	3.6095(8)	4.8014(7)	195.96(9)
0.3	11.312(1)	3.6112(11)	4.8012(3)	196.13(7)
0.5	11.316(2)	3.6123(7)	4.8033(4)	196.35(7)
0.7	11.314(3)	3.6103(9)	4.8018(7)	196.13(11)
0.9	11.312(2)	3.6096(11)	4.7974(7)	195.88(10)
1.3	11.313(5)	3.6104(19)	4.7927(15)	195.75(22)

Tabelle 5.3: Zusammenstellung der Gitterparameter von $Na_{1-x}Li_xV_2O_5$ [Loh00].

phonons ω abhängig. Man erwartet eine Übergangstemperatur in der Größenordnung von λ^2/ω [Uhr98]. Eine Substitution von Natrium-Ionen durch die leichteren Lithium-Ionen könnte zu einer Erhöhung der Frequenz des Kopplungsphonons führen und dadurch eine Absenkung der Übergangstemperatur bewirken. Raman-Untersuchungen an Natrium-defizitären Proben von Kuroe et al. [Kur98] und an Lithium-dotierten Proben von Fischer [Fis99a] zeigten jedoch, daß das Kopplungsphonon mit Raman-Streuung nicht direkt beobachtet werden kann, so daß eine Abschätzung dieses Effekts nicht möglich ist.

Die Unterdrückung eines Spin-Peierls-Übergangs durch Dotierung wurde auch in $CuGeO_3$ untersucht. Hier beobachtet man bereits bei geringen Dotierungen das Auftreten von antiferromagnetischer Ordnung (siehe Abbildung 3.11, Seite 46). In den hier untersuchten $Na_{1-x}Li_xV_2O_5$-Einkristallen wurden dagegen keine Anzeichen für magnetische Ordnung oberhalb von 4 K gefunden. Die Übergangstemperatur in $CuGeO_3$ zeigt eine lineare Abhängigkeit von der Dotierung [Ren95].

Zusammenfassend läßt sich sagen, daß, bedingt durch die komplizierte Natur des Phasenübergangs bei 34 K, eine einfache Erklärung der gemessenen Konzentrationsabhängigkeiten schwierig ist. Eine systematische Untersuchung verschiedener Dotierungen auf unterschiedlichen Kristallplätzen, wie sie an $CuGeO_3$ bereits durchgeführt wurde, könnte dazu beitragen, die relevanten Mechanismen, die zur Unterdrückung des Phasenübergangs in NaV_2O_5 führen, besser zu verstehen.

5.3 Dotierung mit Kalzium: $Na_{1-y}Ca_yV_2O_5$

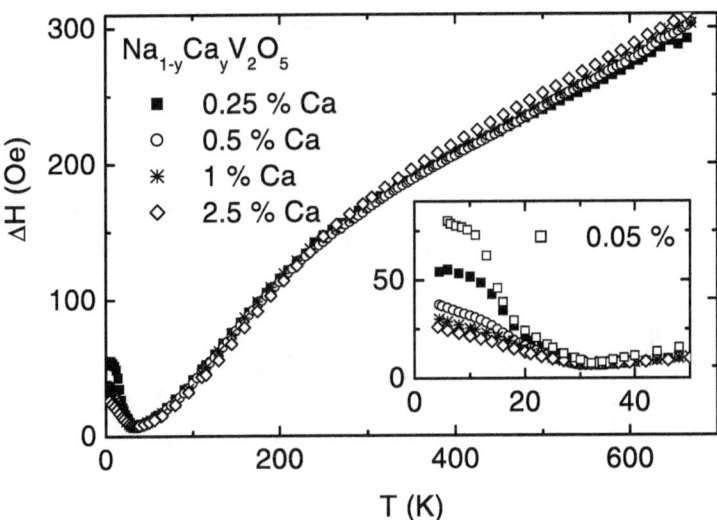

Abbildung 5.25: Temperaturabhängigkeit der Linienbreite in $Na_{1-y}Ca_yV_2O_5$-Einkristallen mit unterschiedlichem Kalzium-Gehalt y für $H\|a$.

5.3 Dotierung mit Kalzium: $Na_{1-y}Ca_yV_2O_5$

Zum besseren Verständnis der im vorherigen Abschnitt vorgestellten Daten wurde eine weitere Dotierungsreihe, $Na_{1-y}Ca_yV_2O_5$, untersucht. Im Gegensatz zu der Dotierung mit Lithium ist die Dotierung mit Kalzium nicht isoelektronisch, dem System wird pro Kalzium-Ion ein Elektron zugeführt. Es wurden Proben mit den Konzentrationen $y = 0.05\%$, 0.25%, 0.5%, 0.75%, 1% und 2.5% Ca untersucht. Die angegebenen Konzentrationen sind aus der Kalzium-Einwaage bei der Herstellung berechnet, es muß daher angenommen werden, daß ähnlich wie im Fall der Lithium-Dotierung der wirkliche Kalzium-Gehalt der Proben wesentlich geringer ist. Da der relative Verlust an Kalzium bei der Herstellung bei allen Proben als identisch vorausgesetzt werden kann, bedeutet das, daß die Konzentrationen mit einem Faktor skaliert werden müssen. Die Ergebnisse für die Konzentrationsabhängigkeiten der verschiedenen Meßgrößen werden daher nicht qualitativ verändert.

Abbildung 5.25 zeigt den Verlauf der Linienbreite in Einkristallen mit unterschiedlichem Kalzium-Gehalt. Obwohl auch bei diesen Proben, analog zu den mit Lithium dotierten Einkristallen, die Temperaturabhängigkeit der Linien-

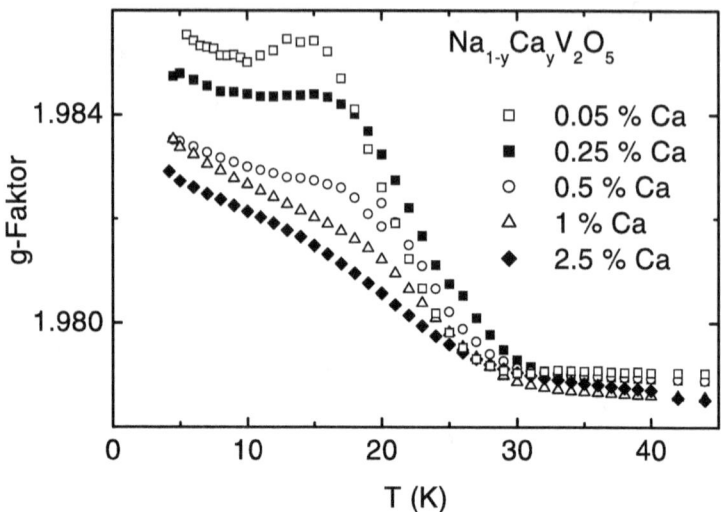

Abbildung 5.26: Temperaturabhängigkeit des g-Faktors in $\text{Na}_{1-y}\text{Ca}_y\text{V}_2\text{O}_5$ bei tiefen Temperaturen in der Orientierung $H\|a$.

breite im wesentlichen unabhängig von der Dotierung ist, beobachtet man bei hohen Temperaturen ($T \gtrsim 300\,\text{K}$) eine deutliche Zunahme der Linienbreite mit wachsender Kalzium-Dotierung. Unterhalb von 300 K ist die Linienbreite dagegen in den höher dotierten Proben geringfügig kleiner als in den Einkristallen mit kleinerem Kalzium-Gehalt. Eine Analyse mit der in Abschnitt 5.1.4 verwendeten Temperaturabhängigkeit des Beitrags der Dzyaloshinski-Moriya-Wechselwirkung (Abbildung 5.9, Seite 79) zeigt, daß die Linienbreite bei Proben mit hohem Kalzium-Gehalt nicht mehr allein mit diesem Beitrag beschrieben werden kann. Besonders bei hohen Temperaturen existiert ein zusätzlicher Beitrag zur Linienbreite, der mit zunehmender Dotierung ansteigt.

Unterhalb des Phasenübergangs beobachtet man in der Linienbreite dasselbe Verhalten, wie in den Lithium-dotierten Proben. Der Anstieg der Linienbreite mit abnehmender Temperatur wird mit steigender Kalzium-Dotierung zunehmend unterdrückt. Die Erklärung dieser Beobachtung ist daher identisch mit der für die Lithium-dotierten Proben vorgeschlagenen: durch die Dotierung mit Kalzium wird die Ladungsordnung und damit die Lokalisierung der ESR-Sonden behindert, so daß die Austauschverschmälerung zunimmt und

5.3 Dotierung mit Kalzium: $Na_{1-y}Ca_yV_2O_5$

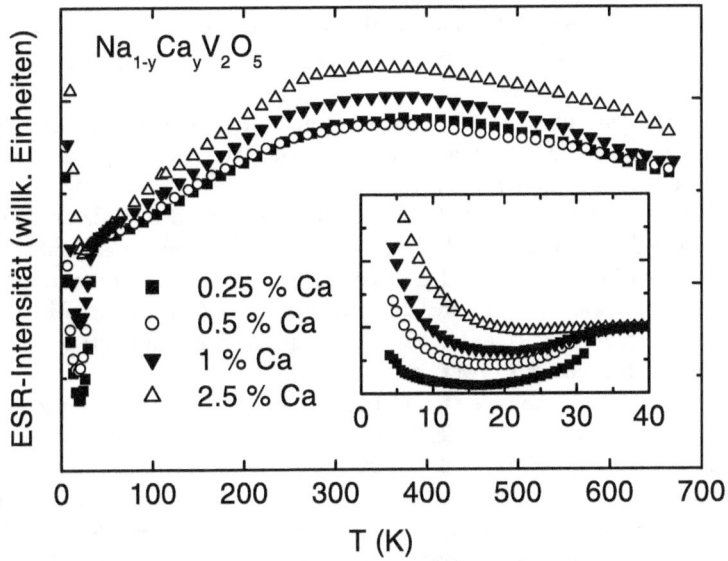

Abbildung 5.27: Temperaturabhängigkeit der ESR-Intensität in $Na_{1-y}Ca_yV_2O_5$ für verschiedene Kalzium-Dotierungen.

die Linienbreite weniger stark ansteigt.
Eine Erklärung für die beobachtete Abhängigkeit der Linienbreite von der Dotierung oberhalb des Phasenübergangs ist dagegen nur schwer zu geben. Die Verringerung der Linienbreite unterhalb von 300 K deutet darauf hin, daß die Dzyaloshinski-Moriya-Wechselwirkung, die in diesem Bereich die Linienbreite dominiert, abnimmt. Bei hohen Temperaturen scheinen dagegen zusätzliche Relaxationskanäle wichtig zu werden, vielleicht bedingt durch die Veränderung im Elektronen-System oder die durch die Dotierung in den Proben erzeugte Unordnung.
Die in Abbildung 5.26 gezeigte Temperaturabhängigkeit der g-Faktoren in den Kalzium-dotierten Proben entspricht dem schon in der Dotierungsreihe $Na_{1-x}Li_xV_2O_5$ gefundenen Verhalten. Auch hier wird der Anstieg des g-Faktors unterhalb des Phasenübergangs durch die Dotierung abgeschwächt (vergleiche Abbildung 5.20, Seite 95).

Die ESR-Intensität verschiedener $Na_{1-y}Ca_yV_2O_5$-Einkristalle ist in Abbildung 5.27 dargestellt. Die Bestimmung der Absolutwerte der ESR-Intensität ist problematisch, die Daten der unterschiedlichen Proben wurden daher so

normiert, daß sie bei 40 K dieselbe Intensität haben. Obwohl diese Temperatur zunächst willkürlich gewählt ist, erhält man auf diese Weise in allen Temperaturbereichen eine systematische Variation der Intensität mit der Dotierung. Werden dagegen alle Proben auf das Maximum bei ca. 350 K normiert, so ergeben sich erhebliche Abweichungen von einem systematischen Verhalten unterhalb von T_c.
Bei hohen Temperaturen nimmt die Suszeptibilität mit dem Kalzium-Gehalt zu. Da dem System durch die Kalzium-Dotierung Elektronen zugeführt werden, ist eine leichte Erhöhung der Suszeptibilität entsprechend der jeweiligen Dotierung zu erwarten. Die tatsächlich beobachtete Zunahme im Maximum beträgt jedoch zum Beispiel für die Probe mit 2.5 % Kalzium etwa 15 %, ist also wesentlich größer als erwartet.
Die Lage des Maximums bleibt unverändert, das heißt, die Austauschwechselwirkung wird nicht beeinflußt. Eine Analyse mit dem Johnston-Verfahren, wie sie in Abbildung 5.14, Seite 87 gezeigt ist, ergibt, daß auch hier die Zwischenkettenkopplung als Ursache für den von dem erwarteten Bonner-Fisher-Verhalten abweichenden Verlauf der Suszeptibilität ausgeschlossen werden kann. Man erhält aus der Anpassung mit dem Johnston-Verfahren die Werte $z_{\text{eff}} - z_0 = -0.85$ und $J = 580$ K. Wie in Abschnitt 5.1.5 beschrieben, würde man bei der Exstenz einer Zwischenkettenkopplung einen positiven Wert für $z_{\text{eff}} - z_0$ erwarten.
Eine weitere mögliche Ursache für die Zunahme der Suszeptibilität könnte die mit zunehmender Dotierung wachsende Unordnung und bedingt dadurch eine Zunahme der Störstellen sein. Die Größe dieses Beitrags ist jedoch schwer abzuschätzen, und die Störstellen müßten stark mit den anderen Spins korreliert sein (sonst würde man nur einen erhöhten Curie-Beitrag erwarten).

Bei tiefen Temperaturen beobachtet man, im Gegensatz zu den mit Lithium dotierten Proben, keine deutliche Verschiebung des Phasenübergangs. Der Abfall der Suszeptibilität wird mit zunehmender Kalzium-Konzentration schwächer und wird von einem mit der Dotierung anwachsenden Curie-Anteil überlagert. Die in Abbildung 5.28 dargestellten Ergebnisse der Anpassung mit einer temperaturabhängigen Energielücke gemäß der Molekularfeldtheorie zeigen, daß auch der Wert der Energielücke $\Delta(T = 0)$ kaum abnimmt. Diese Ergebnisse legen nahe, daß durch die Dotierung mit Kalzium zusätzliche Spins in das System eingebracht werden, die die Ladungsordnung bei 34 K nur geringfügig beeinflussen und zu der Suszeptibilität bei tiefen Temperaturen nur durch ihren Curie-artigen Anstieg beitragen.

Die Dotierungsreihe $\text{Na}_{1-y}\text{Ca}_y\text{V}_2\text{O}_5$ mit Schwerpunkt auf der Kalzium-reichen Seite wurde von Onoda et al. untersucht [Ono99]. Abbildung 5.29 zeigt

5.3 Dotierung mit Kalzium: $Na_{1-y}Ca_yV_2O_5$

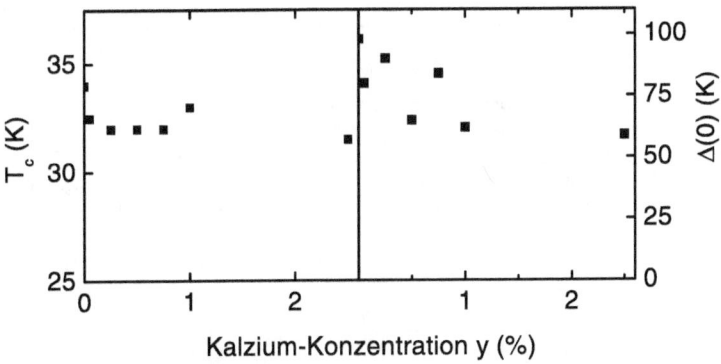

Abbildung 5.28: Dotierungsabhängigkeit der Übergangstemperatur T_c und der Energielücke $\Delta(0)$ in $Na_{1-y}Ca_yV_2O_5$.

den Verlauf der Suszeptibilität in diesen Proben (in dieser Veröffentlichung wurde die Bezeichnung $Ca_{1-x}Na_xV_2O_5$ verwendet, d. h. $x = 1 - y$). Die Verläufe der Konzentrationen $x = 0.99$ (1 % Ca) und $x = 0.98$ (2 % Ca) stimmen gut überein. Die in der Probe mit 1 % Ca bestimmte Temperatur des Phasenübergangs ist mit 29.4 K allerdings erheblich niedriger als die in dieser Arbeit bestimmte. Diese Abweichung kann jedoch auf unterschiedlichen Möglichkeiten, T_c zu bestimmen, beruhen und sollte nicht überbewertet werden.
Bei höheren Kalzium-Konzentrationen, die in dieser Arbeit nicht untersucht wurden, beobachtet man eine immer stärkere Zunahme des Curie-Beitrags in der Suszeptibilität. Die Lage des Maximums bleibt weiterhin unverändert. Auch die Zunahme der Suszeptibilität mit wachsender Kalzium-Konzentration wurde von Onoda et al. beobachtet. Die durchgezogenen Kurven in Abbildung 5.29(a) zeigen die Anpassungen der Suszeptibilität mit einer Summe aus den Beiträgen der isolierten Spins (Curie-Weiss) und einer eindimensionalen Spinkette für die Proben $x = 0.9$ und $x = 0.95$. Die Probe $x = 0.05$ wurde mit der Suszeptibilität von Spindimeren (Gleichung 3.16) und einem Curie-Weiss-Beitrag beschrieben. Die in Abbildung 5.29(b) gezeigte Anpassung beruht auf einer alternierenden Spinkette. Es zeigt sich, daß dieses Modell die Daten weniger gut beschreibt als die in dieser Arbeit gewählte Anpassung mit einer temperaturabhängigen Energielücke.

Der Vergleich zwischen $Na_{1-x}Li_xV_2O_5$ und $Na_{1-y}Ca_yV_2O_5$ zeigt deutliche Unterschiede zwischen beiden Dotierungsreihen. Die Dotierung mit Kalzi-

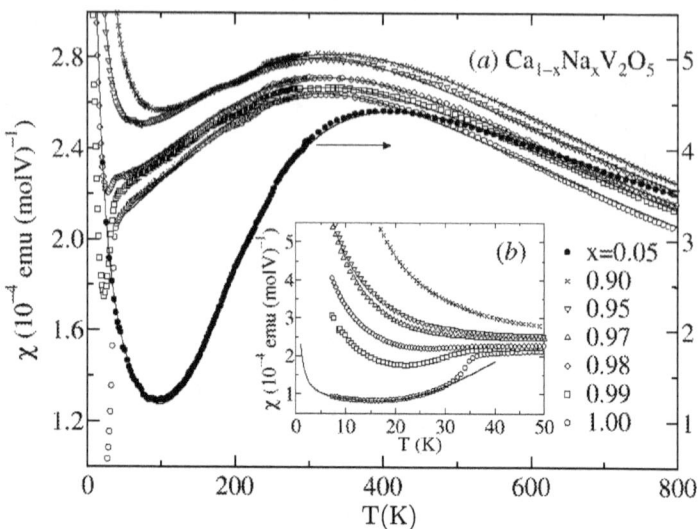

Abbildung 5.29: (a) Temperaturabhängigkeit der Suszeptibilität in $Ca_{1-x}Na_xV_2O_5$ für $x = 0.05$, 0.9, 0.95, 0.98, 0.99 und 1; (b) Verhalten für $0.9 \leq x \leq 1$ unterhalb von $50\,K$. Die durchgezogenen Kurven stellen Anpassungen mit verschiedenen Modellen dar (siehe Text). Aus [Ono99].

um beeinflußt das System wesentlich stärker als die Dotierung mit dem zu Natrium isoelektronischen Lithium. Wenn man annimmt, daß der Kalzium-Verlust bei der Herstellung ähnlich dem in den Lithium-dotierten Proben ist, dann ist die kritische Konzentration, bei der der Phasenübergang nicht mehr nachweisbar ist, für Kalzium nur etwa ein Viertel so groß wie bei Dotierung mit Lithium. Suszeptibilität und Linienbreite, die in $Na_{1-x}Li_xV_2O_5$ oberhalb des Phasenübergangs nicht von der Dotierung beeinflußt werden, zeigen in $Na_{1-y}Ca_yV_2O_5$ eine deutliche Konzentrationsabhängigkeit. Auch der Einfluß der verschiedenen Dotierungen auf den Phasenübergang scheint sich grundlegend voneinander zu unterscheiden: in den Lithium-haltigen Proben wird der Phasenübergang zu tieferen Temperaturen verschoben, und die Energielücke nimmt ab, während in den Kalzium-haltigen Probe die Werte von Energielücke und Übergangstemperatur nahezu konstant bleiben und der Phasenübergang schließlich durch einen schnell anwachsenden Curie-Anteil verdeckt wird.

Die Ursache dieser Unterschiede liegt wahrscheinlich darin, daß durch die Dotierung mit Kalzium dem System zusätzliche Elektronen zugeführt werden.

Auffällig in diesem Zusammenhang ist allerdings, daß die Temperatur der Ladungsordnung nahezu unbeeinflußt bleibt. Dies könnte ein Hinweis darauf sein, daß der Ionenradius der in das System dotierten Ionen eine wichtige Rolle spielt: der Ionenradius von Li^+ ist um circa 40 % kleiner als der von Na^+, dagegen ist der Radius von Ca^{2+} ungefähr identisch mit dem des Natrium-Ions.
Eine systematische Untersuchung der Einflüsse verschiedener Dotierungen in NaV_2O_5 wäre daher sehr hilfreich, um beide oben geschilderten Effekte (Ionenradius und Dotierung mit Elektronen) zu trennen und die hier gewonnen Ergebnisse in einen größeren Zusammenhang einzuordnen.

5.4 β-$Na_{0.33}V_2O_5$ und $Cu_{0.33}V_2O_5$

Die Verbindungen der Form $Me_xV_2O_5$ ($x = 0.33 \pm \delta$, Me=Na, Li, Cu, Ag, Pb, ...) werden als β-Vanadiumbronzen bezeichnet und wurden seit der Beobachtung, daß $Na_{0.33}V_2O_5$ eine stark anisotrope elektrische Leitfähigkeit zeigt [Wal77], ausgiebig untersucht (siehe Abschnitt 4.1.2). In $Na_{0.33}V_2O_5$ wurde bei 150 K ein Phasenübergang beobachtet [Fri78], der mit Hilfe eines von Chakraverty et al. vorgeschlagenen Bipolaronen-Modells als Dimerisierung von V^{4+}-Ionen erklärt werden kann [Cha78]. Hinweise auf die Existenz eines solchen Phasenübergangs wurden auch in $Li_{0.36}V_2O_5$ [Kan82] und in $Ag_{0.33}V_2O_5$ [Ono87] gefunden. Die genaue Temperatur des Phasenübergangs hängt stark von der Konzentration des jeweiligen Metall-Ions ab.
Im folgenden Abschnitt werden Messungen an $Na_xV_2O_5$ (x = 0.22, 0.33, 0.34 und 0.4) und $Cu_yV_2O_5$ (y=0.35, 0.4 und 0.45) vorgestellt. Die $Na_xV_2O_5$-Proben wurden von G. Obermeier (Experimentalphysik II, Universität Augsburg) hergestellt und charakterisiert [Obe97]. Die Kupfer-Bronzen wurden an der TU Darmstadt von A. Maiazza hergestellt.

5.4.1 Probenpräparation und Probenqualität

Die Natrium-Bronzen wurden durch das Erstarren einer Schmelze von $NaVO_3$ und V_2O_5 an Luft nach folgender Reaktionsgleichung hergestellt:

$$2\,NaVO_3 + 5\,V_2O_5 \rightarrow 4\,Na_{0.33}V_2O_5 + \frac{1}{2}\,O_2 \qquad (5.32)$$

Für die Proben mit $x \neq 0.33$ wurde der Anteil von V_2O_5 entsprechend der gewünschten Stöchiometrie variiert. Die Schmelztemperatur beträgt 720 °C. Optimale Ergebnisse wurden mit einer Abkühlrate von 2 °C/h erreicht.
Die Charakterisierung der Proben mit Röntgenstreuung zeigte bei den Konzentrationen x = 0.22, 0.33 und 0.34 keine Fremdphasen, in $Na_{0.4}V_2O_5$ wird

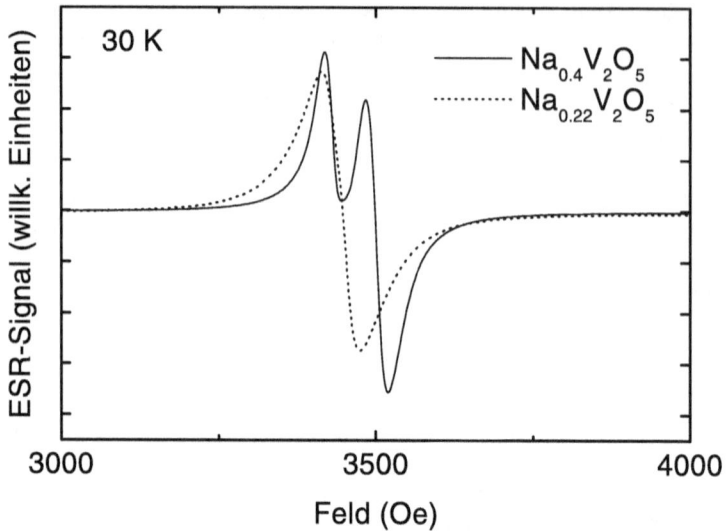

Abbildung 5.30: ESR-Spektren von $Na_{0.4}V_2O_5$ (durchgezogene Linie) und $Na_{0.22}V_2O_5$ (gestrichelte Linie) bei 30 K.

NaV_3O_8 als Fremdphase vermutet. DSC-Messungen legen nahe, daß die Probe mit $x = 0.22$ einen geringen Anteil der α-Phase (V_2O_5) als Fremdphase enthielt. Anhand von Widerstandsmessungen wurde außerdem vermutet, daß die $Na_{0.33}V_2O_5$-Probe einen geringeren Natrium-Gehalt als angegeben besitzt. Eine ausführliche Beschreibung der Herstellung und Charakterisierung findet sich in [Obe97].

Die Kupfer-Bronzen wurden durch Aufschmelzen einer stöchiometrischen Mischung von Cu und V_2O_5 bei 850 °C hergestellt. Die so erhaltenen Proben zeigen in der Röntgenstreuung keine Fremdphasen. Man beobachtet außerdem eine gute Übereinstimmung der an diesen Proben gemessenen ESR-Signale mit bereits publizierten Daten [Spe75]. Bei einem Versuch mit einer stöchiometrischen Mischung aus V_2O_3, V_2O_5 und CuO konnte dagegen keine befriedigende Probenqualität erreicht werden.

Die Messung der $Na_xV_2O_5$-Proben zeigte, daß bei der Herstellung dieser Proben große Schwankungen in der Probenqualität auftreten. Wie nach der oben beschriebenen Charakterisierung zu erwarten, ist der Einfluß von Fremdphasen in der Probe $Na_{0.4}V_2O_5$ am stärksten ausgeprägt. Abbildung 5.30 zeigt

5.4 β-Na$_{0.33}$V$_2$O$_5$ und Cu$_{0.33}$V$_2$O$_5$

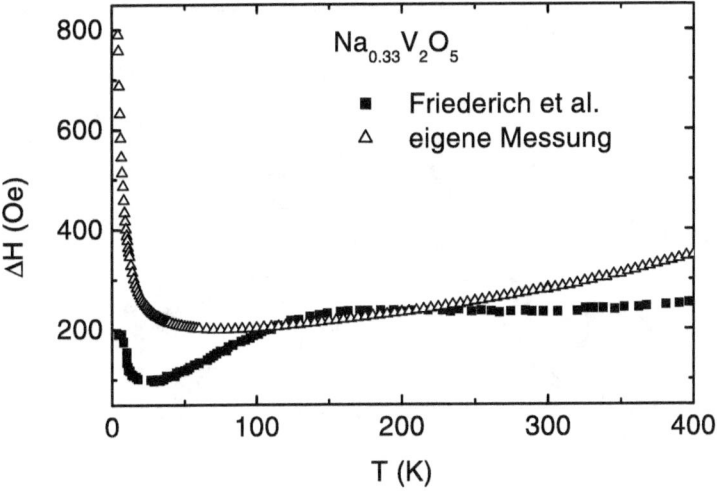

Abbildung 5.31: Verlauf der Linienbreite der in dieser Arbeit gemessenen Na$_{0.33}$V$_2$O$_5$-Probe (offene Symbole) im Vergleich mit Daten von Friederich et al. [Fri78].

das ESR-Spektrum dieser Probe bei 30 K (durchgezogene Linie). Das Spektrum besteht aus zwei Resonanzlinien, die eine unterschiedliche Anisotropie aufweisen. Die gestrichelte Linie in Abbildung 5.30 zeigt als Vergleich das Spektrum von Na$_{0.22}$V$_2$O$_5$ bei derselben Temperatur. In dieser Probe sind keine Anzeichen einer Fremdphase zu erkennen (die mit Hilfe von Röntgenstreuung detektierte Fremdphase V$_2$O$_5$ hat kein ESR-Signal [Brü83]), und man beobachtet nur eine Resonanzlinie. Ein Vergleich der g-Faktoren läßt vermuten, daß die Linie mit niedrigerem Resonanzfeld der β-Phase entspricht. Leider war es aufgrund der ähnlichen g-Faktoren nicht möglich, beide Resonanzen mit Hilfe einer Anpassung mit zwei Lorentzlinien zu trennen.

Ein anderes Problem trat bei der Messung an Na$_{0.33}$V$_2$O$_5$ auf. In dieser Probe wurde bei Widerstandsmessungen kein Hinweis auf den Phasenübergang bei 150 K gefunden und daher eine Abweichung in der Natriumkonzentration vermutet [Obe97]. In ESR-Messungen beobachtet man ein Resonanzsignal, dessen Linienbreite stark von den Erwartungen abweicht. Abbildung 5.31 zeigt die Linienbreite dieser Probe im Vergleich zu einem von Friederich et al. gemessenen Kristall [Fri78]. Sie steigt bei tiefen Temperaturen stark an, durchläuft bei 50-100 K ein Minimum und nimmt dann linear mit der Tem-

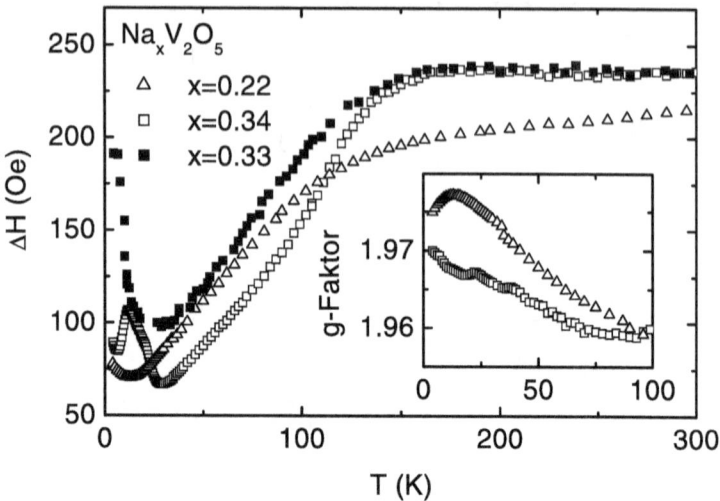

Abbildung 5.32: Temperaturabhängigkeit der Linienbreiten von $Na_{0.22}V_2O_5$ und $Na_{0.34}V_2O_5$, zum Vergleich sind Daten für $Na_{0.33}V_2O_5$ von Friederich et al. [Fri78] gezeigt. Das kleine Bild rechts zeigt den Verlauf des g-Faktors in $Na_{0.22}V_2O_5$ und $Na_{0.34}V_2O_5$.

peratur zu. Bei tiefen Temperaturen weicht die Linienform von der einer Lorentzlinie, wie sie in allen anderen β-Natriumbronzen beobachtet wurde, ab. Dies legt die Vermutung nahe, daß die Probe eine Fremdphase enthält, deren g-Faktor sehr nahe an dem der β-Bronze liegt, so daß sich beide Linien überlagern.

Die hier diskutierten Probleme zeigen deutlich den Vorteil der ESR als Methode zur Überprüfung der Probenqualität. Oft können geringe Anteile an Fremdphasen, die mit konventionellen Methoden der Charakterisierung, wie Röntgenstreuung, erst in wesentlich größeren Konzentrationen erkennbar sind, zweifelsfrei nachgewiesen werden. Die Identifizierung der Fremdphase ist zwar in den meisten Fällen nicht möglich, oft können aber eindeutige Aussagen über die Probenqualität getroffen werden.

5.4.2 Na$_x$V$_2$O$_5$: ein System mit einem Singulett-Grundzustand

Die Linienbreite von Na$_{0.22}$V$_2$O$_5$ und Na$_{0.34}$V$_2$O$_5$ ist in Abbildung 5.32 im Vergleich mit den von Friederich et al. [Fri78] an Na$_{0.33}$V$_2$O$_5$ gemessenen Daten gezeigt. In allen drei Proben beobachtet man zwischen 100 K und 150 K eine charakteristische Abnahme der Linienbreite, die mit einer Dimerisierung der Elektronen in Form von Bipolaronen erklärt wird [Ono83]. Dieses Bipolaronen-Modell wurde 1978 von Chakraverty et al. [Cha78] für die Vanadium-Bronzen vorgeschlagen, um den in vielen dieser nicht-metallischen Vanadiumverbindungen beobachteten stark erhöhten linearen Term der spezifischen Wärme und das Verhalten der Suszeptibilität bei tiefen Temperaturen zu erklären. So beobachtet man in Na$_{0.33}$V$_2$O$_5$ einen linearen Beitrag zur spezifischen Wärme von $\gamma = 9.8\,\mathrm{mJ/(mol\,K^2)}$ [Cha78]. Die Suszeptibilität folgt in diesen Bronzen bei hohen Temperaturen einem Curie-Weiss-Gesetz und fällt oft unterhalb der Weiss-Temperatur schnell ab. Chakraverty et al. erklärten dieses Verhalten mit der Bildung von Bipolaronen und einem daraus folgenden Singulett-Grundzustand. Sie zeigten, daß die Elektron-Phonon-Wechselwirkung zu einer attraktiven Wechselwirkung zwischen zwei Spins führen kann, wenn das Kristallgitter eine lokale Verzerrung erlaubt, die groß genug ist, um die Coulomb-Abstoßung zwischen zwei Elektronen zu überwinden. Die Bildung von Bipolaronen erfolgt an den V_1-Plätzen der β-Struktur (siehe Abbildung 4.2 auf Seite 51) entlang der kristallographischen b-Achse. Onoda et al. zeigten [Ono83], daß mit diesem Bipolaronen-Modell die ESR-Ergebnisse an Na$_{0.33}$V$_2$O$_5$ verstanden werden können, wenn man zusätzlich annimmt, daß überschüssige Elektronen (durch Natrium-Überschuß in Na$_{0.33+\delta}$V$_2$O$_5$) an den V_3-Plätzen isolierte Spins bilden. Die anisotrope elektrische Leitfähigkeit läßt sich mit einer kollektiven Bewegung der Bipolaronen entlang der b-Achse erklären.

Der Phasenübergang, bei dem die Bildung der Bipolaronen einsetzt, wird in Proben mit Natrium-Defizit zu tieferen Temperaturen verschoben. Während Na$_{0.33}$V$_2$O$_5$ und Na$_{0.34}$V$_2$O$_5$ eine Übergangstemperatur von ca. 150 K besitzen, findet der Phasenübergang in Na$_{0.22}$V$_2$O$_5$ erst bei $T \simeq 120$ K statt. Die Verschiebung des Phasenübergangs läßt sich damit erklären, daß bei Natrium-Defizit nicht alle für die Bipolaronen-Bildung wichtigen V_1-Plätze besetzt sind.

Bei tiefen Temperaturen beobachtet man einen erneuten Anstieg in der Linienbreite, der das Einsetzen von dreidimensionaler antiferromagnetischer Ordnung anzeigt [Fri78]. Auch die Néel-Temperatur zeigt eine deutliche Abhängigkeit vom Natrium-Gehalt der Proben: Na$_{0.33}$V$_2$O$_5$, Na$_{0.34}$V$_2$O$_5$: $T_N \simeq 23 - 28$ K; Na$_{0.22}$V$_2$O$_5$: $T_N \simeq 10$ K.

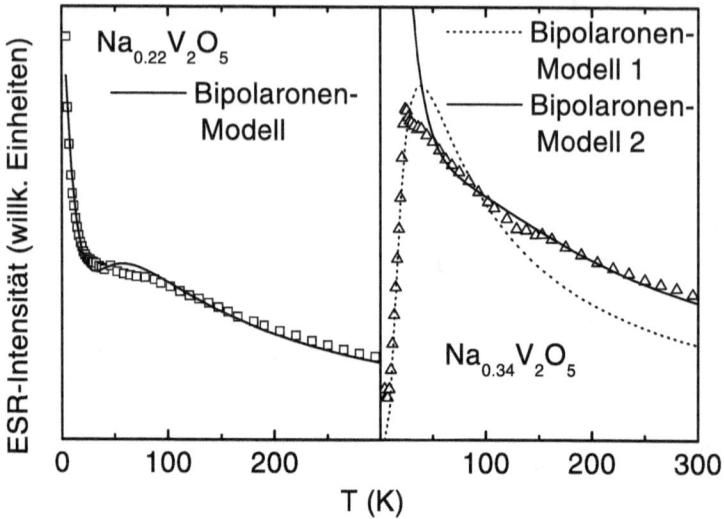

Abbildung 5.33: Temperaturabhängigkeit der Spin-Suszeptibilität von $Na_{0.22}V_2O_5$ und $Na_{0.34}V_2O_5$. Die Kurven zeigen Anpassungen mit dem Bipolaronen-Modell nach Gleichung 5.33.

Der in dieser Arbeit gemessene $Na_{0.34}V_2O_5$-Kristall zeigt außerdem unterhalb von 20 K einen erneuten Abfall in der Linienbreite, der auf eine Fremdphase (wahrscheinlich α'-NaV_2O_5) zurückzuführen ist. Dabei täuscht der Übergang auf das wesentlich schmalere Signal der Fremdphase einen Abfall in der Linienbreite vor.

Der g-Faktor (Abbildung 5.32, kleines Bild) zeigt das Einsetzen magnetischer Ordnung in $Na_{0.22}V_2O_5$. In $Na_{0.34}V_2O_5$ ist dagegen durch die in dieser Probe vorhandene Fremdphase kein eindeutiger Übergang zu sehen. Die Bipolaronen-Bildung bei 120-150 K beeinflußt den g-Faktor in beiden Proben nicht.

Die Suszeptibilität von β-$Na_xV_2O_5$ läßt sich als Summe der Beiträge der dimerisierten Spins auf den V_1-Plätzen und der isolierten Spins (V_3-Plätze) beschreiben:

$$\chi(T) = \frac{C_{\text{dim}}}{T}\frac{e^{-\Delta/T}}{1+e^{-\Delta/T}} + \frac{C_i}{T+\theta} \qquad (5.33)$$

Dabei ist Δ die Bindungsenergie der Bipolaronen und θ die Curie-Weiss-

Temperatur. Abbildung 5.33 zeigt Anpassungen mit dieser Gleichung an die gemessenen Daten. Die Suszeptibilität von $Na_{0.22}V_2O_5$ läßt sich gut mit diesem Modell beschreiben. Man erhält für die Bindungsenergie der Bipolaronen einen Wert von $\Delta = 110\,K$ und eine Curie-Weiss-Temperatur von $\theta = 11\,K$ in guter Übereinstimmung mit dem Verhalten der Linienbreite. Schwieriger ist die Situation in $Na_{0.34}V_2O_5$. Hier beobachtet man unterhalb von 34 K eine schnelle Abnahme der Suszeptibilität. Obwohl sich auch ein solcher Verlauf mit dem Bipolaronen-Modell erklären läßt (gestrichelte Kurve), ergeben sich auf diese Weise keine physikalisch sinnvollen Werte für Δ und θ ($\Delta = 48\,K$, kein Curie-Weiss-Beitrag). Die charakteristische Temperatur der Abnahme der Suszeptibilität von 34 K legt nahe, daß die Probe α'-NaV_2O_5 als Fremdphase enthält. Da das Resonanzsignal der β-Bronzen bei tiefen Temperaturen erheblich breiter ist als das Signal von α'-NaV_2O_5 und die Auflösung des Spektrometers umgekehrt proportional zu der Breite der Resonanzlinie ist, wird bei tiefen Temperaturen die Linie der Fremdphase gemessen, obwohl deren Anteil geringer ist, als der der eigentlichen Probe. Aus diesem Grund wurde für die zweite in Abbildung 5.33 gezeigte Anpassung (durchgezogene Linie) nur der Bereich oberhalb von 70 K verwendet. Man findet so $\Delta = 180\,K$ und $\theta = 3\,K$. Der Wert von θ ist allerdings durch die Beschränkung auf die Hochtemperaturdaten durch die Anpassung nur sehr schlecht bestimmt.

Die hier gezeigten Messungen können also im Rahmen des von Chakraverty et al. vorgeschlagenen Bipolaronen-Modells verstanden werden. Gerade in Bezug auf die aktuellen Ergebnisse an α'-NaV_2O_5 wäre eine ausführlichere Untersuchung der Natrium-haltigen β-Bronzen interessant, da hier zwei unterschiedliche Arten der Dimerisierung von Spins (Ladungsordnung gefolgt von einer Spin-Peierls-artigen Dimerisierung in α'-NaV_2O_5 und Bipolaronen in der β-Bronze) und deren Auswirkung auf die ESR-Signale untersucht werden können. Zudem existiert bisher keine systematische Untersuchung der Abhängigkeit der Temperatur für die beobachten Phasenübergänge von der Natriumkonzentration. Eine Voraussetzung für eine solche Untersuchung wären allerdings ausführliche Studien zur Herstellung phasenreiner Proben, wie sie bereits in [Obe97] begonnen wurden.

5.4.3 $Cu_yV_2O_5$: Hinweise auf magnetische Ordnung?

Die Kupferbronzen der Form $Cu_yV_2O_5$ ($0.26 \leq y \leq 0.64$) wurden schon 1975 von Sperlich et al. mit Hilfe von Elektronenspinresonanz untersucht [Spe75]. Sie zeigen keine Anzeichen für die Bildung von Bipolaronen, wie sie in $Na_xV_2O_5$ beobachtet wird. Man findet in diesen Proben eine lorentzförmi-

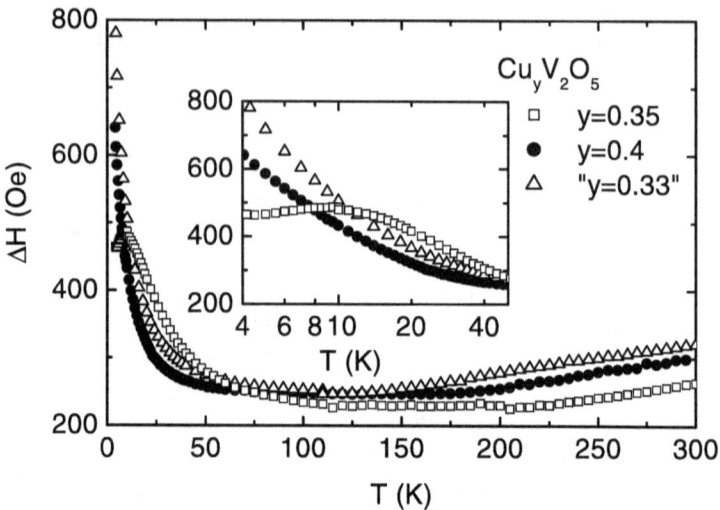

Abbildung 5.34: Temperaturabhängigkeit der Linienbreiten von $Cu_{0.35}V_2O_5$ und $Cu_{0.4}V_2O_5$, die als "y=0.33" bezeichnete Probe hat wahrscheinlich einen größeren Kupfergehalt von $y \simeq 0.45$. In dem kleinen Bild ist der Tieftemperaturbereich mit logarithmischer Temperaturskala dargestellt.

ge Resonanzlinie mit anisotropem g-Faktor ($g_b = 1.98$, $g_a \simeq g_c \simeq 1.94 - 1.95$ [Spe75]). Im Rahmen dieser Arbeit wurden zwei polykristalline Proben mit $y = 0.35$ und $y = 0.4$ untersucht. Eine weitere Probe mit der nominellen Konzentration von $y = 0.33$ wurde aufgrund ihrer Linienbreite und ESR-Intensität als $y \simeq 0.45$ eingestuft. Abbildung 5.34 zeigt die Temperaturabhängigkeit der Linienbreiten für verschiedene Kupferkonzentrationen. Sperlich et al. fanden, daß die Linienbreite ΔH bei hohen Temperaturen[4] linear mit der Kupferkonzentration ansteigt. Wie in Abbildung 5.34 gezeigt, trifft dies auch auf die in dieser Arbeit untersuchten Proben $Cu_{0.35}V_2O_5$ und $Cu_{0.4}V_2O_5$ zu. In der mit "y=0.33" bezeichneten Verbindung beobachtet man jedoch eine höhere Linienbreite. Ein Vergleich mit den Daten von Sperlich et al. erlaubt es, diese Probe als $Cu_{0.45}V_2O_5$ zu identifizieren. Solche geringen Unterschiede in der Kupferkonzentration sind bei Röntgenuntersuchungen in der Regel nicht festzustellen und können bei geringfügigen Veränderungen im Herstellungsprozeß sehr leicht auftreten.

---

[4]Leider beträgt die maximale Temperatur in dieser Veröffentlichung nur 100 K, der in dieser Arbeit gezeigte lineare Anstieg der Linienbreite mit der Temperatur oberhalb von 150 K wurde daher nicht beobachtet.

Bei tiefen Temperaturen steigt die Linienbreite mit abnehmender Temperatur schnell an. Sperlich et al. vermuteten einen exponentiellen Anstieg. Sie erklärten den Verlauf der Linienbreite mit einer Verschmälerung des ESR-Signals aufgrund von Hüpfprozessen der Elektronen bei hohen Temperaturen („motional narrowing"). Mit abnehmender Temperatur frieren diese Hüpfprozesse langsam ein, so daß die Verschmälerung nachlassen und die Linienbreite zunehmen sollte.
Die Linienbreite hängt in diesem Modell mit der Hüpffrequenz $\nu_h(T)$ der Elektronen zusammen (analog zur Austauschverschmälerung, siehe Gleichung 5.10):

$$\Delta H \propto \frac{1}{\nu_h(T)} \qquad (5.34)$$

Nimmt man an, daß es sich um einen Prozeß mit einer Anregungsenergie E_a handelt, dann gilt:

$$\nu_h(T) = \nu_0 \cdot \exp(-E_a/kT), \qquad (5.35)$$

so daß man einen exponentiellen Anstieg der Linienbreite erwartet.
Das kleine Bild in Abbildung 5.34 zeigt die Linienbreite bei tiefen Temperaturen über einer logarithmischen Temperaturskala. Man erkennt, daß der Verlauf der Linienbreite sich nicht mit einem exponentiellen Zusammenhang (linear in der gewählten Auftragung) beschreiben läßt.
In Analogie zu $Na_{0.33}V_2O_5$ kann man vermuten, daß die Kupfer-Bronzen sich nahe an der magnetischen Ordnung befinden. Für diese Annahme spricht auch das Verhalten der Linienbreite in $Cu_{0.35}V_2O_5$. Hier steigt die Linienbreite mit abnehmender Temperatur zunächst stärker an als in den beiden anderen $Cu_xV_2O_5$-Proben und wird dann bei tiefsten Temperaturen konstant. In einem dreidimensionalen Antiferromagneten erwartet man für die Linienbreite ein Potenzgesetz:

$$\Delta H \propto \frac{1}{(T-T_N)^\beta} \qquad (5.36)$$

Dabei ist T_N die Néel-Temperatur und β ein Parameter, der Werte zwischen 0.5 und 1.5 annehmen kann und über die Dimensionalität der magnetischen Fluktuationen Aufschluß gibt. $\beta = 1.5$ entspricht einem dreidimensionalen Antiferromagneten. Ein Beispiel für eine solche Temperaturabhängigkeit der Linienbreite ist GdB_6, ein dreidimensionaler Antiferromagnet mit $T_N = 16$ K [Spe74a]. Abbildung 5.35 zeigt die Linienbreite dieser Verbindung und eine

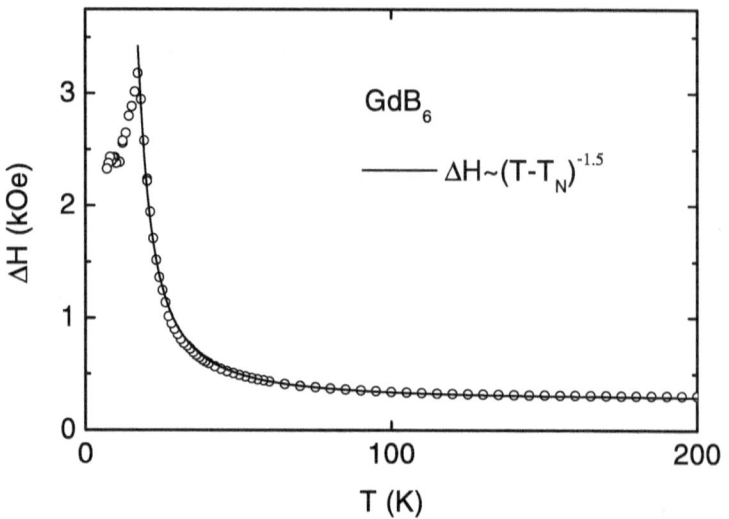

Abbildung 5.35: Temperaturabhängigkeit der Linienbreite in GdB_6 als Beispiel für einen Antiferromagneten, die durchgezogene Linie stellt eine Anpassung nach Gleichung 5.36 dar.

Anpassung nach Gleichung 5.36.

Ein Vergleich der beiden auf diese Weise möglichen Anpassungen (exponentielles Verhalten und magnetische Ordnung) ist in Abbildung 5.36 gezeigt. Die gestrichelten Kurven entsprechen einem exponentiellen Verlauf mit Anregungsenergien $E_a \simeq 4-8\,\text{K}$. Außerdem mußte eine negative Restlinienbreite zugelassen werden. Trotzdem ist die Übereinstimmung mit den gemessenen Daten in allen drei Proben mangelhaft.

Im Vergleich dazu werden die Daten bei tiefen Temperaturen durch eine Anpassung mit Gleichung 5.36 besser beschrieben. Für den Parameter β ergab sich in allen drei Fällen ein Wert von 1.5. Die Neél-Temperatur stieg mit abnehmender Kupferkonzentration y an:

$$y = 0.45 \quad T_N = 2\,\text{K} \quad (5.37)$$
$$y = 0.40 \quad T_N = 4\,\text{K} \quad (5.38)$$
$$y = 0.35 \quad T_N = 7\,\text{K} \quad (5.39)$$

Es wurde außerdem eine Restlinienbreite zugelassen, die bei allen drei Proben zwischen 200 Oe und 220 Oe lag.

5.4 β-Na$_{0.33}$V$_2$O$_5$ und Cu$_{0.33}$V$_2$O$_5$

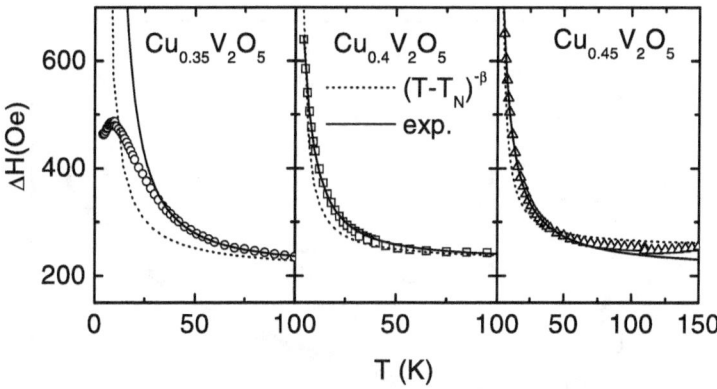

Abbildung 5.36: Anpassungen der Linienbreiten von Cu$_x$V$_2$O$_5$-Proben mit einem exponentiellen Verlauf (gestrichelte Kurven) nach Gleichung 5.34 und 5.35 im Vergleich zu dem von Gleichung 5.36 beschriebenen magnetischen Szenarium.

Ein Vergleich beider Anpassungen zeigt deutlich, daß die Linienbreite besser durch die Annahme einer Verbreiterung aufgrund von magnetischen Fluktuationen beschrieben wird. Auffällig ist, daß die Beschreibung mit einem exponentiellen Anstieg mit abnehmender Kupfer-Konzentration immer stärker von den gemessenen Daten abweicht. Diese Beobachtung legt die Vermutung nahe, daß bei hohen Kupferkonzentrationen die nachlassende Austauschverschmälerung die Linienbreite bei tiefen Temperaturen bestimmt, während bei geringeren Kupferkonzentrationen magnetische Fluktuationen dominieren.
In der Probe mit $y = 0.35$ weicht die Beschreibung mit Gleichung 5.36 bei tiefen Temperaturen von den Daten ab, dies könnte bedeuten, daß es sich bei dem magnetisch geordneten Zustand, der unterhalb von 11 K beobachtet wird, nicht um eine einfache antiferromagnetische Ordnung handelt. Das Auftreten dieser Ordnung für $y = 0.35$ läßt vermuten, daß die magnetischen Ordnung durch eine Kupfer-Konzentration von $y \simeq 0.33$ begünstigt wird. Bei dieser Konzentration sind alle V_1-Plätze der β-Struktur besetzt, während die V_3-Plätze unbesetzt bleiben.
Im Temperaturbereich oberhalb von 150 K beobachtet man einen (zunächst) linearen Anstieg in der Linienbreite (Abbildung 5.34), der mit zunehmender Kupferkonzentration bei höheren Temperaturen einsetzt. Einen solchen linearen Anstieg beobachtet man zum Beispiel in Systemen, in denen die Relaxation der Spins über Leitungselektronen erfolgt (Korringa-Relaxation).

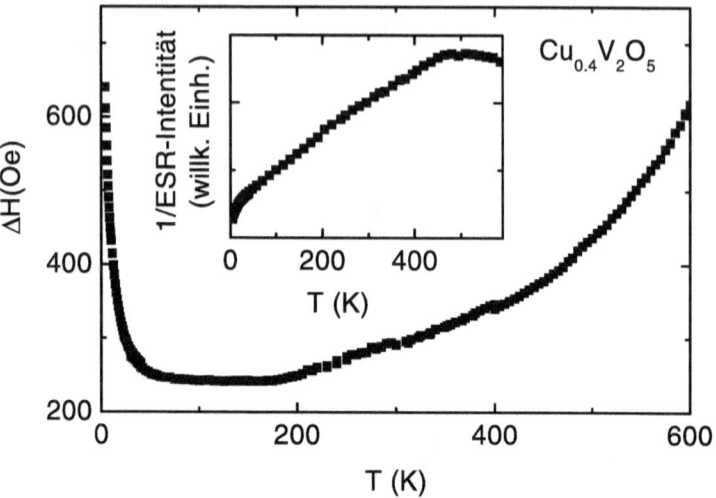

Abbildung 5.37: Temperaturabhängigkeit der Linienbreite und der inversen Intensität (kleines Bild) von $Cu_{0.4}V_2O_5$ für $4\,K \leq T \leq 600\,K$.

Gegen diese Interpretation spricht jedoch die geringe Ladungsträgerdichte und das halbleitende Verhalten in $Cu_yV_2O_5$ [Cas69], zudem ist die Linienform des Resonanzsignals weiterhin lorentzförmig. Ein weiterer möglicher Grund für den linearen Anstieg der Linienbreite ist die Relaxation über Phononen. Da für die β-Bronzen eine starke Elektron-Phonon-Wechselwirkung vermutet wird [Cha78], könnte dieser sonst sehr geringe Beitrag zur Linienbreite einen sichtbaren Anstieg verursachen.

Bei hohen Temperaturen $T \gtrsim 400\,K$ verstärkt sich der Anstieg in der Linienbreite, und die Suszeptibilität nimmt zu. Abbildung 5.37 zeigt die Linienbreite und inverse ESR-Intensität von $Cu_{0.4}V_2O_5$. Die Zunahme der Suszeptibilität erkennt man deutlich am Abkicken der inversen ESR-Intensität bei hohen Temperaturen. Eine mögliche Erklärung für diesen Anstieg ist, daß die Kupfer-Ionen, die bei tiefen Temperaturen die Wertigkeit Cu^+ besitzen, ein weiteres Elektron an das Vanadiumgitter abgeben. Dadurch würde sich die Anzahl der Spins, die zu dem ESR-Signal beitragen (und damit die durch diese Spins hervorgerufene Suszeptibilität), erhöhen. Im Gegensatz zu den Cu^+-Ionen mit der Konfiguration $[Ar]3d^{10}$ besitzen die Cu^{2+}-Ionen einen Spin ($S = 1/2$). Die Zunahme der Linienbreite in diesem Temperaturbereich läßt sich dann durch die Wechselwirkung beider Spinsysteme (Kupferspins und

5.4 β-Na$_{0.33}$V$_2$O$_5$ und Cu$_{0.33}$V$_2$O$_5$

Vanadiumspins) erklären. Eine ähnliche Situation wurde in La$_{2-x}$Sr$_x$CuO$_{4+\delta}$ dotiert mit Mangan beobachtet [Koc94], wo die Wechselwirkung zwischen dem Mangan-Spinsystem und dem Kupfer-Spinsystem zu einem ähnlichen Anstieg in der Linienbreite führt.
Das ESR-Spektrum bestand auch bei hohen Temperaturen aus einer einzigen Resonanzlinie, das heißt, die Kupferspins selbst tragen entweder nicht zum ESR-Signal bei oder besitzen einen g-Faktor, der dem des Vanadiums sehr ähnlich ist, so daß beide Linien nicht zu trennen sind.

Die g-Faktoren der gemessenen Proben liegen zwischen $g = 1.93$ und $g = 1.95$. Sie zeigen im Rahmen der Meßgenauigkeit keine systematische Abhängigkeit von der Kupferkonzentration. Bei Temperaturen oberhalb von $T \simeq 50\,\mathrm{K}$ ist der g-Faktor in allen drei Proben nahezu konstant. Bei tiefen Temperaturen beobachtet man eine Veränderung der Linienform (die Linien werden unsymmetrisch, teilweise Dyson-förmig), so daß der g-Faktor nicht mehr eindeutig bestimmbar ist.

Die Suszeptibilität in allen drei Proben folgt für $30\,\mathrm{K} \leq T \leq 200\,\mathrm{K}$ einem Curie-Weiss-Gesetz (Abbildung 5.38), wie die Auftragung der inversen ESR-Intensität verdeutlicht. Die Curie-Weiss-Temperatur zeigt eine deutliche Abhängigkeit von der Kupferkonzentration:

$$y = 0.45 \quad \theta = -33\,\mathrm{K} \tag{5.40}$$

$$y = 0.40 \quad \theta = -86\,\mathrm{K} \tag{5.41}$$

$$y = 0.35 \quad \theta = -96\,\mathrm{K} \tag{5.42}$$

Die Abnahme der Curie-Weiß-Temperatur unterstützt die Annahme, daß die magnetischen Fluktuationen mit abnehmender Kupferkonzentration zunehmen.

Die in diesem Kapitel gezeigten Messungen an β-Vanadiumbronzen zeigen, daß eine erneute Untersuchung dieser Systeme sehr vielversprechend ist. Die zuerst gezeigten Na$_x$V$_2$O$_5$-Proben stellen ein Beispiel für die Bildung von Bipolaronen dar. Diese Form einer Dimerisierung unterscheidet sich grundlegend von der in Abschnitt 5.1 vorgestellten Spin-Peierls-artigen Dimerisierung in α'-NaV$_2$O$_5$. Auch in den β-Bronzen wäre eine Untersuchung der Dotierungsabhängigkeit, ähnlich der in Abschnitt 5.2 und 5.3 durchgeführten, sehr interessant. Dabei bieten sich hier besonders viele Möglichkeiten, da die Bildung von Bipolaronen auch in den Systemen Li$_{0.33}$V$_2$O$_5$ [Kan82], Pb$_{0.33}$V$_2$O$_5$ [Uji88] und Ag$_{0.33}$V$_2$O$_5$ [Ono87] beobachtet wurde.

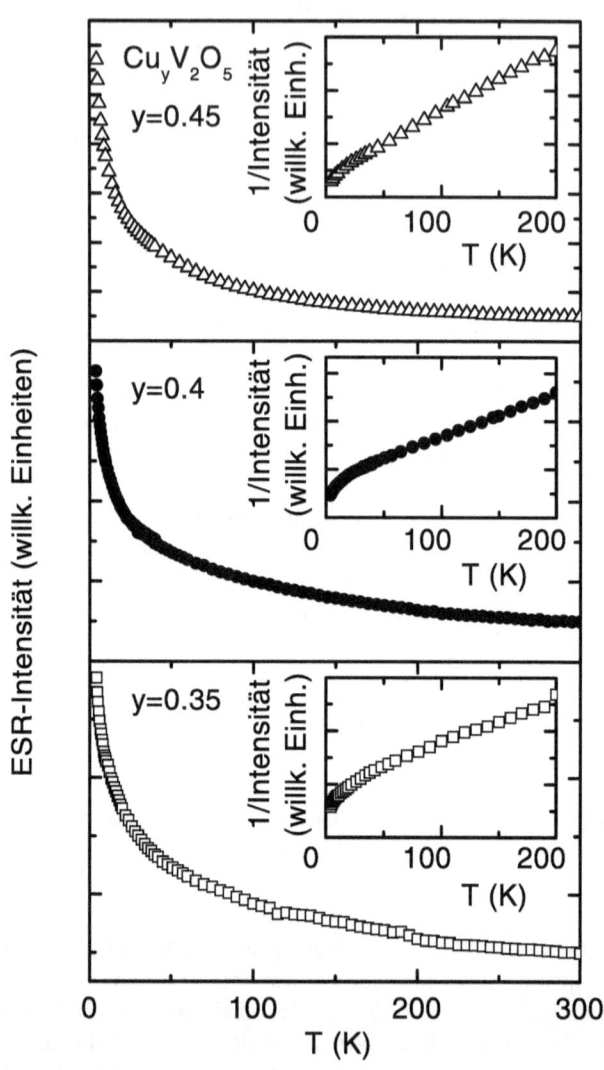

Abbildung 5.38: Temperaturabhängigkeit der ESR-Intensität von $Cu_yV_2O_5$ für $y = 0.45$, 0.4 und 0.35, die kleinen Bilder zeigen die inverse Intensität derselben Proben.

5.5 η-Na$_{1.285}$V$_2$O$_5$

Im folgenden Abschnitt wird mit η-Na$_{1.285}$V$_2$O$_5$ eine weitere der Natrium-Vanadiumbronzen vorgestellt. Die Kristallstruktur dieser Verbindung wurde erst vor kurzem bestimmt, die meisten ihrer physikalischen Eigenschaften sind noch unbekannt. Die Temperaturabhängigkeit der Suszeptibilität, die 1997 von M. Isobe und Y. Ueda an einem η-Na$_{1.3}$V$_2$O$_5$-Einkristall gemessen wurde [Iso97b], durchläuft bei $T \simeq 120\,\text{K}$ ein Maximum und fällt danach mit abnehmender Temperatur schnell ab. Diese Beobachtung interpretieren die Autoren als Indiz für einen Spin-Singulett-Grundzustand und vermuten eine niedrigdimensionale magnetische Struktur.

5.5.1 Probenherstellung

Im Rahmen dieser Arbeit wurde ein Einkristall η-Na$_{1.285}$V$_2$O$_5$ untersucht[5]. Der Einkristall wurde aus dem NaVO$_3$-Fluß mit einer Mischung von NaVO$_3$: VO$_2$ im Verhältnis 10:1 gezogen. Diese Mischung wurde in reduzierender Atmosphäre auf 650 °K erhitzt und langsam abgekühlt. Überschüssiges NaVO$_3$ wurde mit Wasser ausgewaschen. Diese Herstellungsweise ist identisch mit der für die α'-Phase, abgesehen von der etwas niedrigeren Temperatur (650 °K statt 800 °K) und der Herstellung in reduzierender Atmosphäre. Die Proben wurden mit Hilfe von Röntgenstreuung auf Phasenreinheit überprüft. In einigen der Proben wurde dabei NaV$_6$O$_{11}$ als Fremdphase festgestellt.

5.5.2 ESR-Messungen an η-Na$_{1.285}$V$_2$O$_5$

Der untersuchte Kristall war ein unregelmäßiges Plättchen, dessen Form (näherungsweise) in Abbildung 5.39 dargestellt ist. Bei einem ideal geformten Kristall werden die Winkel am oberen und unteren Ende des Kristalls von a- und c-Achse des Kristalls gebildet, während die b-Achse senkrecht dazu, in Richtung der geringsten Ausdehnung des Kristalls liegt. Bei dem hier untersuchten Kristall waren aufgrund der geringen Größe (längste Ausdehnung ca. 2 mm, Masse: 1.09 mg) die a- und die c-Achse nicht eindeutig zu bestimmen. Aus diesem Grund wurde eine ESR-Messung mit dem externen Magnetfeld in der a-c-Ebene bei Raumtemperatur durchgeführt. Man beobachtet, daß die Winkelabhängigkeit der Resonanzlinie eine 90°-Symmetrie aufweist

---

[5]Zur Zeit der Herstellung dieses Kristalls war die Kristallstruktur und damit die genaue Stöchiometrie der η-Phase unbekannt. Da der Einkristall aber aus dem Fluß gezogen wurde, spielt die stöchiometrische Einwaage des Natriumgehalts keine Rolle, und der Kristall entspricht wahrscheinlich der optimalen Stöchiometrie von x=1.285.

122 Elektronenspinresonanz an Vanadiumbronzen

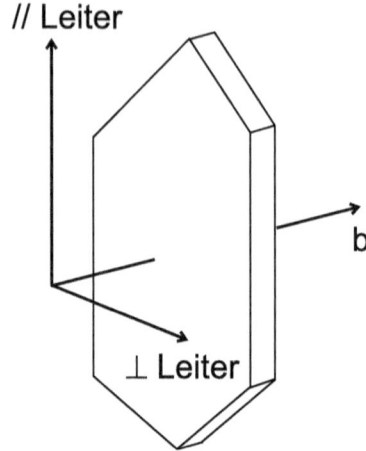

Abbildung 5.39: Schematische Darstellung der Form des gemessenen Kristalls und der ausgezeichneten Achsen

und nicht, wie erwartet, den Winkel zwischen a- und c-Achse ($\beta = 109°$) widerspiegelt. Man findet stattdessen das Maximum des g-Faktors (und das Minimum in der Linienbreite) in der Wachsrichtung des Kristalls und 90° verschoben das Minimum des g-Faktors (Maximum der Linienbreite). Vergleicht man diese Beobachtung mit der Kristallstruktur in der a-c-Ebene (Abbildung 4.3, Seite 53), dann liegt die Erklärung nahe, daß nicht die kristallographischen Achsen das magnetische Verhalten dominieren, sondern die Richtung der Leiterstücke. Die zwei in der a-c-Ebene beobachteten ausgezeichneten Richtungen wurden daher als parallel und senkrecht zu der Richtung der Leitern identifiziert, die mit großer Wahrscheinlichkeit mit der Wachsrichtung des Kristalls übereinstimmt[6].

Die im folgenden dargestellten Messungen wurden mit dem externen Magnetfeld in den drei so bestimmten Richtungen durchgeführt.

Man beobachtet im gesamten Temperaturbereich $4\,\mathrm{K} \leq T \leq 300\,\mathrm{K}$ eine lorentzförmige Resonanzlinie, die eine ausgeprägte Richtungsabhängigkeit zeigt. In Abbildung 5.40 sind beispielhaft Spektren für verschiedene Orientierungen bei 30 K und bei 300 K dargestellt. In der Orientierung $H\|\mathrm{Leiter}$-

---

[6]Ebenfalls möglich wäre, daß die Wachsrichtung senkrecht zur Richtung der Leitern ist, eine Abschätzung von a- und c-Achse anhand der Winkel am oberen und unteren Ende des Kristalls läßt jedoch vermuten, daß das nicht der Fall ist.

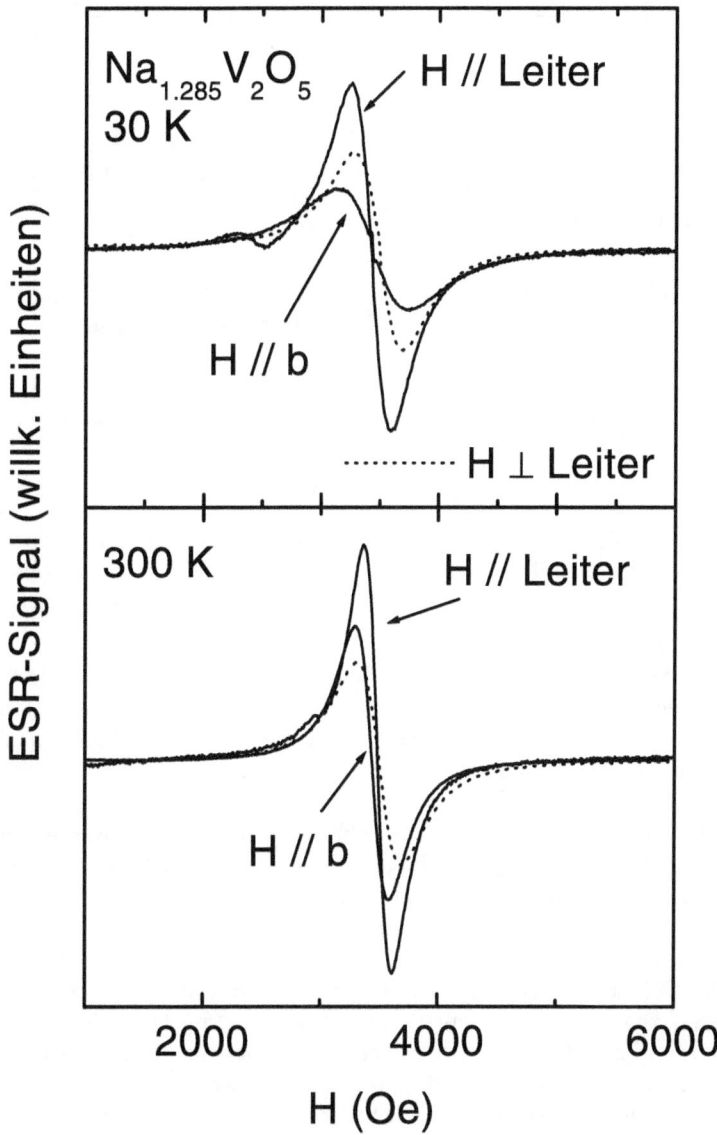

Abbildung 5.40: ESR-Spektren eines η-Na$_{1.285}$V$_2$O$_5$-Einkristalls bei 30 K und 300 K für verschiedene Orientierungen

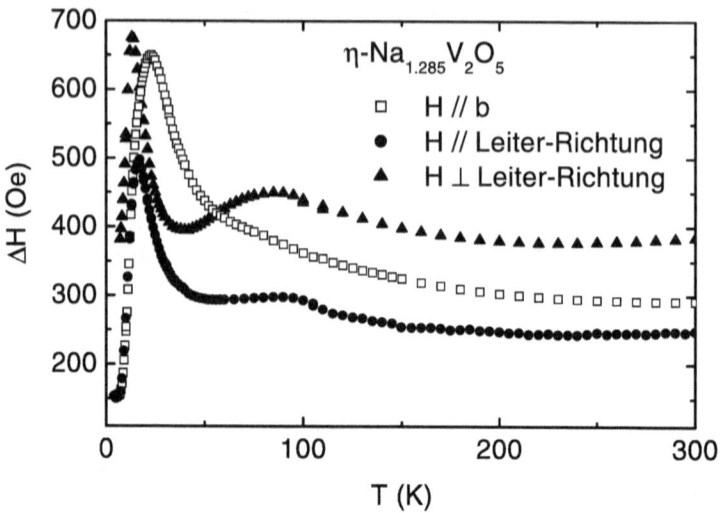

Abbildung 5.41: Temperaturabhängigkeit der Linienbreite eines η-$Na_{1.285}V_2O_5$-Einkristalls für verschiedene Orientierungen im Magnetfeld.

Richtung tritt zusätzlich eine zweite Linie mit kleinerem Resonanzfeld auf. Diese Linie besitzt eine andere Winkelabhängigkeit in g-Faktor und Linienbreite als der Rest des Kristalls. Es handelt sich mit großer Wahrscheinlichkeit um das Signal einer Fremdphase.

Die Temperaturabhängigkeit der Linienbreite für die unterschiedlichen Orientierungen ist in Abbildung 5.41 dargestellt. Zwischen 300 K und 100 K steigt die Linienbreite in allen Richtungen mit abnehmender Temperatur langsam an. Unterhalb von 100 K steigt die Linienbreite in der Orientierung $H\|b$ weiterhin an. Die Linienbreiten für $H\|$ Leiter (im folgenden als $\Delta H_\|$ bezeichnet) und für $H \perp$ Leiter ($\Delta H_\perp$) zeigen dagegen unterhalb von 100 K ein deutlich anderes Verhalten: die Linienbreite nimmt ab und erreicht ein Minimum bei 56 K ($\Delta H_\|$) bzw. 42 K ($\Delta H_\perp$). Dabei ist die Abnahme in $\Delta H_\perp$, wo die Linienbreite um 55 Oe kleiner wird, wesentlich stärker ausgeprägt als in $\Delta H_\|$ (Abnahme um 5-6 Oe). Dadurch kehrt sich die Anisotropie in der Linienbreite $\Delta H_b/\Delta H_\perp$ im Vergleich zu hohen Temperaturen um: für $17\,K \leq T \leq 56\,K$ gilt $\Delta H_b > \Delta H_\perp$. Zu tiefen Temperaturen hin steigt die Linienbreite für alle Orientierungen schnell an und durchläuft ein schmales Maximum, das in ΔH_b bei wesentlich höherer Temperatur erreicht wird (23 K) als in den Richtungen senkrecht dazu (13-15 K). Für $T < 8\,K$ steigt die Linienbreite in

5.5 η-Na$_{1.285}$V$_2$O$_5$

jeder Richtung erneut an.
Die Abnahme der Linienbreite unterhalb von 100 K für die beiden Orientierungen mit dem externen Magnetfeld in der Leiter-Ebene deutet auf einen Phasenübergang zwischen 50 und 100 K hin. Nach den Messungen von Isobe et al. [Iso99] findet für $T > 10$ K kein struktureller Phasenübergang statt. Eine mögliche Erklärung für das Verhalten der Linienbreite wäre eine Ladungsordnung auf den V5-Plätzen oder die Bildung von Bipolaronen, analog zu β-Na$_{0.33}$V$_2$O$_5$.

Die Temperaturabhängigkeit des g-Faktors zeigt keine extreme Änderung der Anisotropie (Abbildung 5.42). Die g-Faktoren sind oberhalb von 130 K konstant. Für 85 K$\leq T \leq$ 130 K zeigt der g-Faktor in der Orientierung $H \perp$ Leiter einen leichten Anstieg, fällt dann wieder ab und durchläuft ein Minimum bei $T \simeq 40$ K. Unterhalb von 40 K nimmt der g-Faktor in allen Orientierungen schnell bis zu einem Maximum zwischen 10 und 20 K zu. Alle Kurven besitzen ein weiteres Minimum bei $T \lesssim 10\ K$ und steigen anschließend wieder an.
Insgesamt ist auffällig, daß der g-Faktor die Änderung in der Linienbreite zwischen 50 K und 100 K nicht widerspiegelt. Dies macht einen magnetischen Phasenübergang als Ursache des Überkreuzens der Linienbreiten sehr unwahrscheinlich. Der Anstieg des g-Faktors bei tiefen Temperaturen ist dagegen ein Hinweis darauf, daß hier magnetische Fluktuationen eine Rolle spielen oder sogar langreichweitige magnetische Ordnung entsteht. Es ist jedoch auch nicht auszuschließen, daß eine Fremdphase den Verlauf des g-Faktors unterhalb von 10 K beeinflußt, da hier die ESR-Intensität von η-Na$_{1.33}$V$_2$O$_5$ relativ gering wird.

Die Temperaturabhängigkeit der ESR-Intensität von η-Na$_{1.285}$V$_2$O$_5$ ist in Abbildung 5.43 dargestellt. Sie stimmt gut mit der vor Isobe und Ueda an einen η-Na$_{1.3}$V$_2$O$_5$-Einkristall gemessenen Suszeptibilität überein [Iso97b], zeigt aber im Gegensatz zu dieser keine deutliche Anomalie bei 110 K.
Der Verlauf der Suszeptibilität legt nahe, daß es sich um eine Verbindung mit unmagnetischem Singulett-Grundzustand handelt. Die Kristallstruktur der η-Phase ist jedoch relativ kompliziert (Abbildung 4.3), und der Mechanismus, der zur Bildung des Spin-Singuletts führt, ist noch unbekannt. Aus diesem Grund wurden die Daten mit folgenden, in Kapitel 3 vorgestellten Modellen, verglichen: isolierte Dimere (exakte Formel, siehe Gleichung 3.16), Spinkette (Bonner-Fisher-Modell, Gleichung 3.7), alternierende Spinkette (Modell von Duffy und Barr, Gleichung 3.23) und Spinleiter (Näherungsformeln von Troyer et al. für hohe und tiefe Temperaturen, Gleichungen 3.14 und 3.15). Es konnte mit keinem dieser Modelle eine zufriedenstellende Beschreibung

Elektronenspinresonanz an Vanadiumbronzen

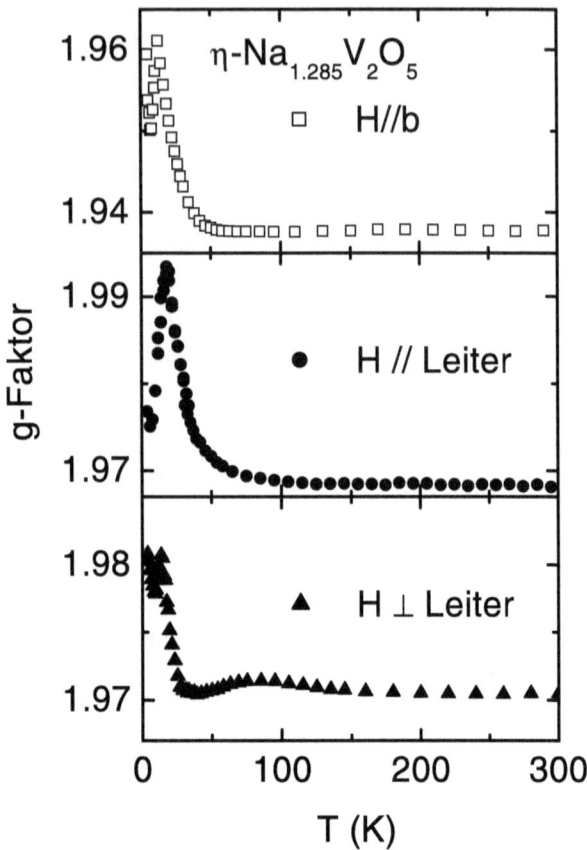

Abbildung 5.42: Temperaturabhängigkeit des g-Faktors in η-Na$_{1.285}$V$_2$O$_5$ für verschiedene Richtungen des externen Magnetfelds.

der Daten im ganzen gemessenen Temperaturbereich erreicht werden. Dies kann, zusammen mit dem komplexen Verhalten, das in Linienbreite und g-Faktor beobachtet wird, als weiterer Hinweis darauf gewertet werden, daß in η-Na$_{1.285}$V$_2$O$_5$ mindestens ein Phasenübergang im gemessenen Temperaturbereich stattfindet und die Suszeptibilität oberhalb und unterhalb dieses Übergangs unterschiedlichen Gesetzen folgt.

Bei hohen Temperaturen lassen sich die Daten sehr gut mit dem Modell von Bonner und Fisher anpassen (durchgezogene Kurve in Abbildung 5.43). Man

5.5 η-Na$_{1.285}$V$_2$O$_5$

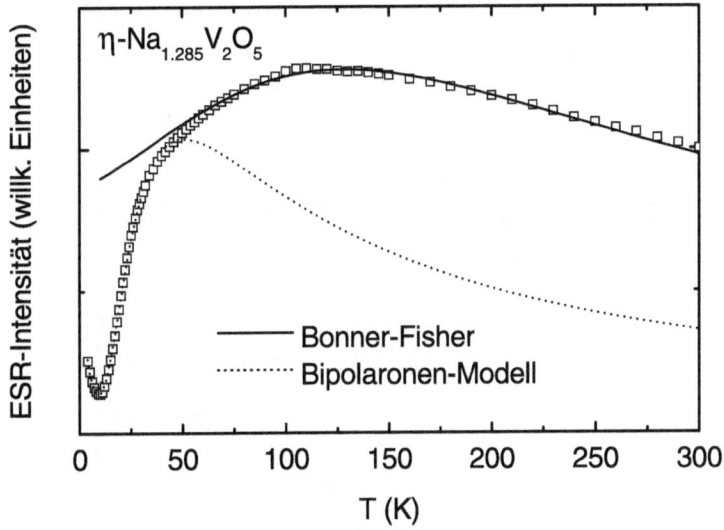

Abbildung 5.43: ESR-Intensität von η-Na$_{1.285}$V$_2$O$_5$, die durchgezogene Linie zeigt eine Anpassung nach der Theorie von Bonner und Fisher [Bon64], die gestrichelte Kurve ergibt sich aus dem Bipolaronen-Modell, das in Abschnitt 5.4 vorgestellt wurde.

findet einen Kopplungsparameter von $J = 198$ K. Das Verhalten der Linienbreite legt nahe, daß zwischen 50 K und 100 K ein Phasenübergang stattfindet, unterhalb dessen die Linienbreite zunächst ansteigt und nach einem Maximum schnell abfällt (Abbildung 5.41). Eine Abnahme in der Linienbreite läßt sich zum Beispiel im Rahmen des in Abschnitt 5.4 vorgestellten Bipolaronen-Modells erklären. Es lag daher nahe, dieses Modell für die Beschreibung der Suszeptibilität bei tiefen Temperaturen zu verwenden. Die gestrichelte Kurve in Abbildung 5.43 zeigt diese Anpassung (nach Gleichung 5.33, Seite 112). Man findet eine gute Übereinstimmung mit den Daten für eine Bipolaronen-Bindungsenergie $\Delta = 66$ K und eine Curie-Weiss-Temperatur $\theta = 0.55$ K.

Trotz der guten Übereinstimmung zwischen den gemessenen Daten und den Anpassungen stellen diese nur eine von vielen Möglichkeiten zur Beschreibung der Suszeptibilität dar. Eine zufriedenstellende Erklärung der gemessenen Daten kann daher erst dann gegeben werden, wenn ein Vergleich mit weiteren Meßmethoden möglich ist.

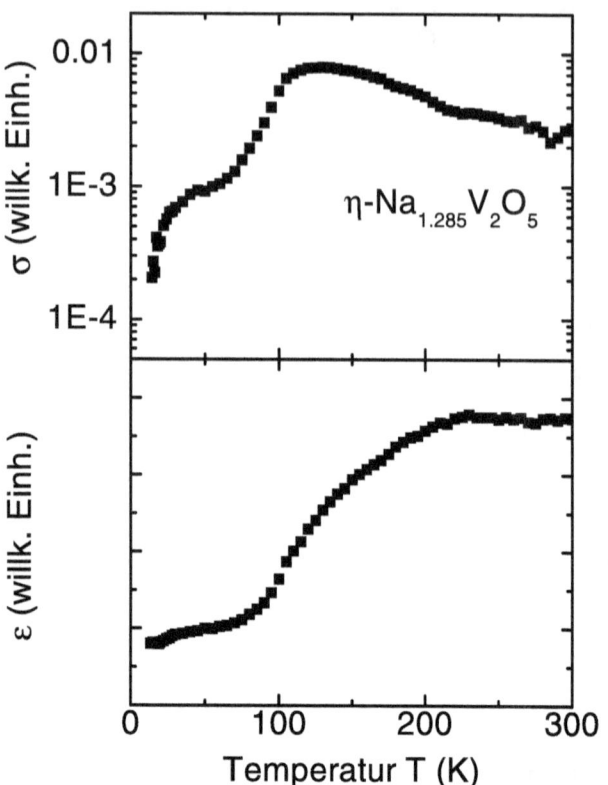

Abbildung 5.44: Temperaturabhängigkeit der Mikrowellenleitfähigkeit und Dielektrizitätszahl von polykristallinem η-Na$_{1.33}$V$_2$O$_5$ bei 7.3 GHz.

Um weitere Informationen über das Verhalten bei η-Na$_{1.285}$V$_2$O$_5$ in den interessanten Bereichen 50 K-100 K und 15-25 K zu erhalten (und darüber, ob möglicherweise Phasenübergänge stattfinden), wurde die Mikrowellenleitfähigkeit σ und die Dielektrizitätszahl ϵ (Realteil der komplexen Dielektrizitätszahl) eines Polykristalls temperaturabhängig bei 7.3 GHz gemessen (Abbildung 5.44).

Die Leitfähigkeit zeigt eine deutliche Abnahme unterhalb von 100 K, die Dielektrizitätszahl wird in diesem Bereich konstant. Die Beobachtung dieser relativ großen Effekte auch in einer „nicht-magnetischen" Meßmethode ist ein Indiz dafür, daß es sich um keinen rein magnetischen Phasenübergang handeln kann. Bei tiefen Temperaturen beobachtet man einen weiteren Abfall in der Leitfähigkeit, die Veränderung in der Dielektrizitätszahl ist allerdings geringer. Die Abnahme von σ unterhalb von 100 K könnte ein Hinweis auf eine Ladungsordnung auf den V5-Plätzen sein.

Die in diesem Abschnitt diskutierten Messungen unterstützen die Annahme von Isobe und Ueda [Iso99], daß es sich bei η-$Na_{1.285}V_2O_5$ um ein weiteres niedrigdimensionales System in der Reihe $Na_xV_2O_5$ handelt. Die Suszeptibilität läßt sich bei hohen Temperaturen mit dem Modell für eine eindimensionale Spinkette von Bonner und Fisher [Bon64] beschreiben.
In der Linienbreite und im g-Faktor beobachtet man deutliche Veränderungen bei 50-100 K und 15-25 K, die möglicherweise auf die Existenz von Phasenübergängen in diesen Temperaturbereichen hinweisen. Die Abnahme der Mikrowellenleitfähigleit σ unterhalb von 100 K könnte durch eine Ladungsordnung auf den V5-Plätzen verursacht werden. Unterhalb dieser Temperatur kann die Suszeptibilität mit einem Bipolaronen-Modell beschrieben werden. Die erneute Zunahme von Linienbreite und g-Faktor bei tiefen Temperaturen legt nahe, daß hier magnetische Ordnung eintritt, es ist jedoch auch nicht auszuschließen, daß dieses Verhalten durch die Anwesenheit einer Fremdphase hervorgerufen wird.

5.6 κ-$Na_{1.8}V_2O_5$

Bei der κ-Bronze $Na_{1.8}V_2O_5$ handelt es sich um eine weitere Verbindung der Reihe $Na_xV_2O_5$, über deren physikalische Eigenschaften noch sehr wenig bekannt ist. Die Struktur wurde bereits 1967 von Pouchard et al. bestimmt [Pou67a]. Sie ist rhomboedrisch mit den Gitterparametern $a = 6.99$ Å und $\alpha = 101.7°$ und enthält acht Formeleinheiten pro Einheitszelle.
$Na_{1.8}V_2O_5$ wurde analog zu $Na_{1.285}V_2O_5$ jedoch bei niedrigerer Temperatur hergestellt. Die so erhaltenen Kristalle waren sehr klein, nadelförmig und vielfach miteinander vernetzt. Für die ESR-Messungen wurden mehrere dieser Kristalle parallel zueinander in Paraffin fixiert. Das externe Magnetfeld wurde senkrecht zu der längsten Achse der Kristalle angelegt. Bei Rotation der Probe um diese Achse wurde nur eine geringe Winkelabhängigkeit beobachtet, für die gezeigten ESR-Messungen wurde die Orientierung mit der geringsten Linienbreite gewählt.

Man beobachtet eine, im Vergleich zu den anderen in diesem Kapitel vorgestellten Proben, sehr breite Resonanzlinie. Die Temperaturabhängigkeit der Linienbreite ist in Abbildung 5.45 dargestellt. Bei tiefen Temperaturen

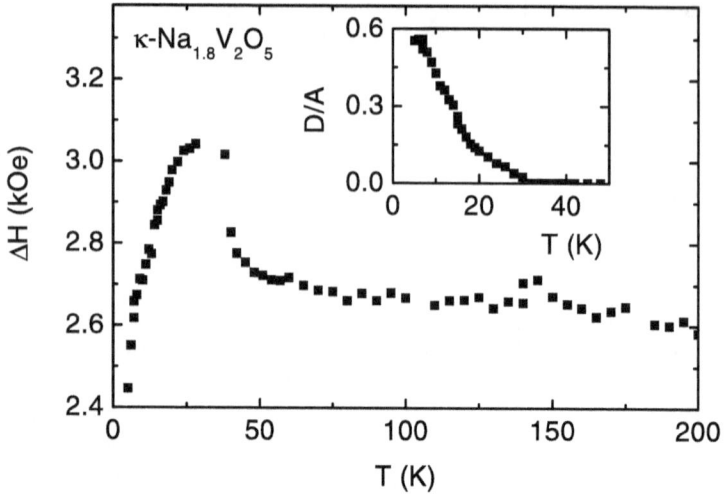

Abbildung 5.45: Temperaturabhängigkeit der Linienbreite von κ-$Na_{1.285}V_2O_5$. Das kleine Bild oben rechts zeigt das Verhältnis von Dispersion zu Absorption

$T \leq 30$ K wird die Linie dysonförmig und läßt sich mit Gleichung 2.11 beschreiben. Die Temperaturabhängigkeit des Verhältnisses von Dispersion zu Absorption (D/A-Verhältnis) ist im kleinen Bild in Abbildung 5.45 dargestellt. Unterhalb von 30 K nimmt das D/A-Verhältnis monoton mit fallender Temperatur zu. Bei hohen Temperaturen ist die Resonanzlinie dagegen symmetrisch und wird mit einer Lorentzlinie beschrieben.
Die Linienbreite wächst unterhalb von 300 K langsam an (gezeigt sind nur die Daten unterhalb von 200 K, zwischen 200 K und 300 K nimmt die Streuung aufgrund der abnehmenden ESR-Intensität stark zu) und steigt dann auf ein Maximum bei $T \simeq 30$ K an. Unterhalb des Maximums nimmt die Linienbreite dagegen schnell ab.
Der g-Faktor ist durch die große Linienbreite nur schwer genau zu bestimmen, es gilt jedoch im gesamten Temperaturbereich $g \simeq 2$.

Die Suszeptibilität zeigt ebenfalls eine scharfe Anomalie bei 30 K (Abbildung 5.46). Bei hohen Temperaturen läßt sich der Verlauf gut mit einem Curie-Weiss-Verhalten mit $\theta = -270$ K beschreiben (gestrichelte Linie in Abbildung 5.46). Bei 42 K steigt die Suszeptibilität steil an, erreicht ein Maximum bei 30 K und nimmt dann mit abnehmender Temperatur ab. Für $T \leq 18$ K beob-

5.6 κ-Na$_{1.8}$V$_2$O$_5$

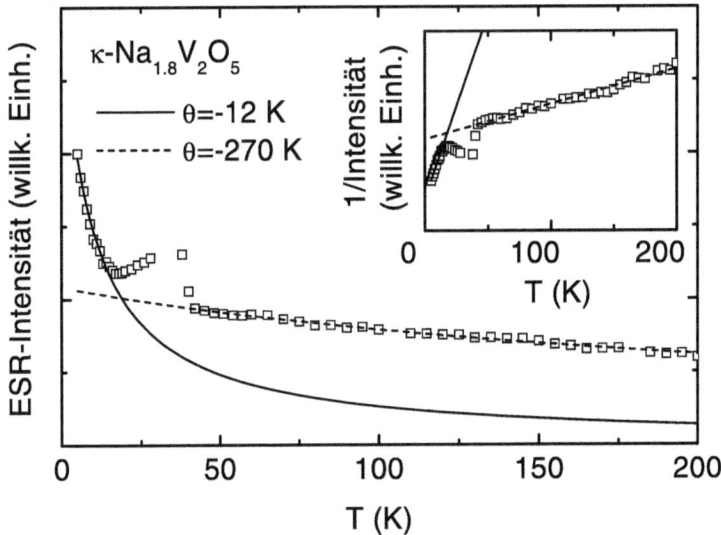

Abbildung 5.46: ESR-Intensität von κ-Na$_{1.8}$V$_2$O$_5$, die beiden Linien zeigen Anpassungen mit einem Curie-Weiss-Verhalten bei hohen und tiefen Temperaturen. Im kleinen Bild oben rechts ist die inverse Intensität gezeigt mit denselben Anpassungen

achtet man erneut ein Curie-Weiss-Verhalten mit $\theta = -12$ K (durchgezogene Linie). Die Steigung der inversen Suszeptibilität (Abbildung 5.46, kleines Bild) ist bei tiefen Temperaturen etwa zehnmal größer als bei hohen Temperaturen, was einer Abnahme des effektiven Momentes für $T \leq 30$ K auf ein zehntel des Hochtemperaturwertes entspricht.

Zusammenfassend läßt sich sagen, daß die ESR-Messungen auf die Existenz eines Phasenübergangs bei 30 K hindeuten. Unterhalb dieses Phasenübergangs ist die Resonanzlinie dysonförmig, wie in metallisch leitfähigen Proben, oberhalb beobachtet man dagegen eine lorentzförmige Resonanz, wie sie charakteristisch für isolierende Systeme ist. Zugleich nimmt das effektive magnetischen Moment unterhalb von 30 K auf ein Zehntel ab. Leider sind die erhaltenen Einkristalle zu klein für eine Messung mit einer Standardmethode wie spezifische Wärme oder Widerstand, um die Natur dieses Phasenübergangs zu identifizieren.

Kapitel 6

Zusammenfassung

In der vorliegenden Arbeit wurden Elektronenspinresonanz-Messungen an verschiedenen Vanadium-Bronzen $Na_xV_2O_5$ durchgeführt, wobei der besondere Schwerpunkt auf der quasi-eindimensionalen Verbindung α'-NaV_2O_5 lag. Im folgenden wird eine kurze Zusammenfassung der wichtigsten Ergebnisse gegeben.

1996 beobachteten Isobe und Ueda [Iso96] in α'-NaV_2O_5 einen Phasenübergang bei $T_c = 34\,\text{K}$, unterhalb dessen die Suszeptibilität exponentiell abnimmt und der daher als Spin-Peierls-Übergang charakterisiert wurde. Diese Entdeckung initiierte viele weitere Untersuchungen, die jedoch nahelegten, daß sich der Phasenübergang nicht mit den üblichen Theorien für Spin-Peierls-Systeme [Pyt74, Cro79a] beschreiben läßt. Eine erneute Strukturbestimmung zeigte, daß es sich bei α'-NaV_2O_5 um eine viertelgefüllte Spinleiter handelt, in der die Elektronen oberhalb des Phasenübergangs auf den Leitersprossen delokalisiert sind [Smo98, vS98, Mee98]. Diese Struktur schließt das ursprünglich von Isobe und Ueda angenommene Szenarium einer Dimerisierung in linearen V^{4+}-Ketten aus und läßt eine Zick-Zack-Ladungsordnung in den Spinleitern bei 34 K vermuten [Seo98, vS99]. Die magnetische Struktur der Tieftemperaturphase wirft jedoch noch viele Fragen auf.
Im Rahmen dieser Arbeit wurden daher ESR-Untersuchungen an hochwertigen α'-NaV_2O_5-Einkristallen im Temperaturbereich $4\,\text{K} \leq T \leq 670\,\text{K}$ durchgeführt. Diese Messungen lassen sich mit dem von Yamada et al. [Yam98] vorgeschlagenen Modell, nach dem die antisymmetrische Dzyaloshinski-Moriya-Wechselwirkung die Temperatur- und Winkelabhängigkeit der ESR-Linienbreite bei hohen Temperaturen beschreibt, erklären. Es konnte gezeigt werden, daß der Einfluß dieser Wechselwirkung schon oberhalb des Phasenübergangs verschwindet, was als Hinweis auf Ladungsfluktuationen, die dem Phasenübergang vorausgehen, verstanden werden kann. Bei Temperaturen direkt

oberhalb des Phasenübergangs ($34\,\text{K} \leq T \leq 65\,\text{K}$) wurde zum ersten Mal beobachtet, daß die Linienbreiten in Richtung der a-Achse und der c-Achse sich überkreuzen. Mit Hilfe der gemessenen Anisotropie in der a-c-Ebene konnte dieser Effekt als Konkurrenz von Dzyaloshinski-Moriya-Wechselwirkung und anisotropem Austausch erklärt werden.
Das Verschwinden der Dzyaloshinski-Moriya-Wechselwirkung beim Einsetzen der Ladungsordnung ist konsistent mit einer Zick-Zack-Spinordnung in der Tieftemperaturphase, wie sie von van Smaalen [vS99] postuliert wurde, allerdings bleibt in diesem Modell die Frage nach dem Verhalten der Spins in den unmodulierten Leitern offen.
Die Temperaturabhängigkeit der Spin-Suszeptibilität oberhalb und unterhalb des Phasenübergangs wurde aus der Intensität des ESR-Signals bestimmt. Man findet eine gute Übereinstimmung des exponentiellen Abfalls unterhalb von T_c mit einer temperaturabhängigen Anregungslücke entsprechend der Molekularfeld-Theorie. Dabei ist jedoch das Verhältnis zwischen $\Delta(T=0)$ und T_c wesentlich größer als der erwartete Wert von $2\Delta(0)/T_{\text{SP}} = 3.53$. Die Abweichungen der Suszeptibilität von dem erwarteten eindimensionalen Verhalten (Modell von Bonner und Fisher [Bon64]) unterhalb von $200\,\text{K}$ lassen sich nicht mit einer endlichen Zwischenkettenkopplung beschreiben, wie mit Hilfe eines von Johnston vorgeschlagenen Modells [Joh96] gezeigt werden konnte, sondern sind wahrscheinlich auf Fluktuationen oberhalb des Phasenübergangs zurückzuführen.
Die Auswirkung von Dotierungen auf das Verhalten von α'-NaV_2O_5 wurde anhand von Lithium- und Kalzium-Dotierungen untersucht. Man beobachtet in beiden Fällen eine Unterdrückung des Phasenübergangs mit zunehmender Dotierung. In $Na_{1-x}Li_xV_2O_5$ wird mit zunehmendem x die Temperatur des Übergangs quadratisch unterdrückt, während die Energielücke $\Delta(0)$ linear abzunehmen scheint. Bei Dotierung mit Kalzium ist dagegen keine ausgeprägte Abhängigkeit dieser Größen von der Kalzium-Konzentration zu beobachten, und der Phasenübergang wird durch einen schnell zunehmenden Curie-Anteil in der Suszeptibilität verdeckt. Diese Beobachtungen zeigen den unterschiedlichen Einfluß der isoelektronischen Dotierung mit Lithium im Vergleich zu der mit dem zwei-wertigen Kalzium. Auch der unterschiedliche Ionenradius scheint eine wichtige Rolle zu spielen.

Die ESR-Messungen an den β-Bronzen $Na_{0.33}V_2O_5$ und $Cu_{0.33}V_2O_5$ zeigten bemerkenswerte Unterschiede zwischen diesen strukturell identischen Verbindungen.
In der Natrium-Verbindung beobachtet man in der Linienbreite eine charakteristische Abnahme zu tiefen Temperaturen, die mit der Bildung von Bipolaronen erklärt werden kann. Auch der Verlauf der Suszeptibilität konnte

mit diesem von Chakraverty et al. [Cha78] entwickelten Modell beschrieben werden. Ein Vergleich mit Ergebnissen von Friederich et al. [Fri78] zeigte eine deutliche Abnahme der Bipolaronen-Bindungsenergie bei Natrium-Defizit. Bei tiefen Temperaturen tritt antiferromagnetische Ordnung auf. Auch hier nimmt die Néel-Temperatur mit abnehmender Natrium-Konzentration ab. $Cu_{0.33}V_2O_5$ wurde bereits 1975 von Sperlich et al. [Spe75] untersucht. Dabei wurde der Verlauf der Linienbreite mit einer Bewegungsverschmälerung durch Hüpfprozesse der Sondenelektronen erklärt. Im Gegensatz dazu zeigen die im Rahmen dieser Arbeit gewonnenen Daten ein für magnetische Fluktuationen typisches Verhalten. Diese Diskrepanz beruht möglicherweise auf den heute verfügbaren Methoden der Auswertung, die es erlauben, im relevanten Temperaturbereich wesentlich mehr Daten aufzunehmen, was die Qualität der Anpassung mit einer theoretisch erwarteten Kurve verbessert. Die Tendenz zur magnetischen Ordnung scheint mit Annäherung an die Konzentration $x = 0.33$ zuzunehmen. Bei hohen Temperaturen beobachtet man eine deutliche Zunahme der Suszeptibilität, die sich mit einem Übergang der Cu^+-Ionen zu Cu^{2+}-Ionen erklären läßt.

Die Verbindung η-$Na_{1.285}V_2O_5$, deren Struktur erst kürzlich bestimmt wurde [Iso99, Mil99], besitzt, wie die Messung der Spin-Suszeptibilität zeigt, einen Singulett-Grundzustand. Anhand des Verhaltens der Linienbreite und des g-Faktors wurden Hinweise auf zwei Phasenübergänge in diesem Material gefunden. Die Suszeptibilität ließ sich bei tiefen Temperaturen gut mit dem Bipolaronen-Modell beschreiben, oberhalb des Maximums bei 100 K folgt sie dem Bonner-Fisher-Modell für eine eindimensionale Spinkette. Alle Versuche, den gesamten Verlauf der Suszeptibilität mit einem Modell zu beschreiben, scheiterten, was als weiterer Hinweis auf die Existenz eines Phasenübergangs in diesem Material gewertet werden kann.

Bei ESR-Messungen an der κ-Bronze $Na_{1.8}V_2O_5$ wurde das Auftreten eines magnetischen Phasenübergangs bei 30 K beobachtet.

Zusammenfassend läßt sich sagen, daß die Elektronenspinresonanz gerade in den Vanadiumoxiden viel zum Verständnis der unterschiedlichen physikalischen Phänomene beitragen kann.
Systematische Untersuchungen der Dotierungsabhängigkeit des Phasenübergangs in α'-NaV_2O_5 mit verschiedenen Dotierungen, wie sie bereits in $CuGeO_3$ durchgeführt wurden [Ren95], könnten helfen, die Natur dieses Phasenübergangs zu verstehen. Interessant wären auch ESR-Messungen an Proben mit Natrium-Defizit, in denen ähnliche Effekte beobachtet wurden [Iso97b, Iso98]. Auch bei β-Bronzen wurde bisher noch keine vergleichende Untersuchung mit

verschiedenen Metall-Ionen durchgeführt. Die Bildung von Bipolaronen, die auch in den Systemen $Li_{0.33}V_2O_5$ [Kan82], $Pb_{0.33}V_2O_5$ [Uji88] und $Ag_{0.33}V_2O_5$ [Ono87] gefunden wurde, läßt sich mit Hilfe von ESR-Messungen besonders gut beobachten, so daß sich hier ein weites Feld für zukünftige Untersuchungen auftut. Ein Vergleich dieser Art der Dimerisierung mit der in NaV_2O_5 beobachteten könnte zum besseren Verständnis beider Systeme beitragen.

Die Bestimmung der Struktur von η-$Na_{1.285}V_2O_5$ bildet die Grundlage für weitere Untersuchungen dieser interessanten Substanz. Hierbei ist besonders die Frage nach den Prozessen, die zur Bildung des Singulett-Grundzustands führen, zu klären.

Die hier angesprochenen Fragen sollen im Rahmen des gerade gegründeten Sonderforschungsbereiches 484 „Kooperative Phänomene im Festkörper: Metall–Isolator–Übergänge und Ordnung mikroskopischer Freiheitsgrade" beantwortet werden.

Kapitel A

Anhang

A.1 Feinstruktur in einer NaV_2O_5-Probe mit Seltenen-Erd-Verunreingungen

Die in Kapitel 5.1 vorgestellten Ergebnisse wurden durch Messungen an hochwertigen α'-NaV_2O_5-Einkristallen erhalten. In diesem Abschnitt sollen, im Gegensatz dazu, Messungen an einer Probe gezeigt werden, die eine geringe Menge an Verunreinigungen enthält und dadurch eine Feinstruktur bei tiefen Temperaturen aufweist. Die Verunreinigungen wurden anhand der beobachten Feinstruktur als Seltene Erdmetalle (Gd^{3+} oder Eu^{2+}) identifiziert.

Abbildung A.1 zeigt die Winkelabhängigkeit der Feinstruktur in der a-c-Ebene bei 3.9 K. Die Aufspaltung der Linien ist maximal in der Orientierung $H\|c$ und minimal für $H\|a$. In der a-b-Ebene sind die Unterschiede in der Aufspaltung geringer. In der Richtung $H\|b$ ist die Ausdehnung der gesamten Feinstruktur um 25-30 % geringer als in der Richtung $H\|a$.

Abbildung A.2 zeigt die Feinstruktur in der Orientierung $H\|c$, d. h. für die maximale Aufspaltung der Linien. Man beobachtet eine Zentrallinie bei $g \simeq 2.08$ und sechs weitere Resonanzlinien (bei hohen Magnetfeldern sind diese Resonanzlinien eindeutig zu identifizieren und man erwartet eine symmetrische Verteilung der Linien).
Die Feinstruktur zeigt eine relativ große Aufspaltung der Einzellinien von ca. 1100 Oe. Diese Aufspaltung entspricht nach Gleichung 2.18 $2b_2^0$, so daß gilt $b_2^0 = 550$ Oe. Bedingt durch diesen großen Wert wird die Feinstruktur bei geringen Magnetfeldern $H < 1100$ Oe verzerrt und man beobachtet in diesem Bereich zusätzliche Resonanzen durch normalerweise verbotene Übergänge. Damit läßt sich die Art der Verunreinigung, die die Feinstruktur verursacht,

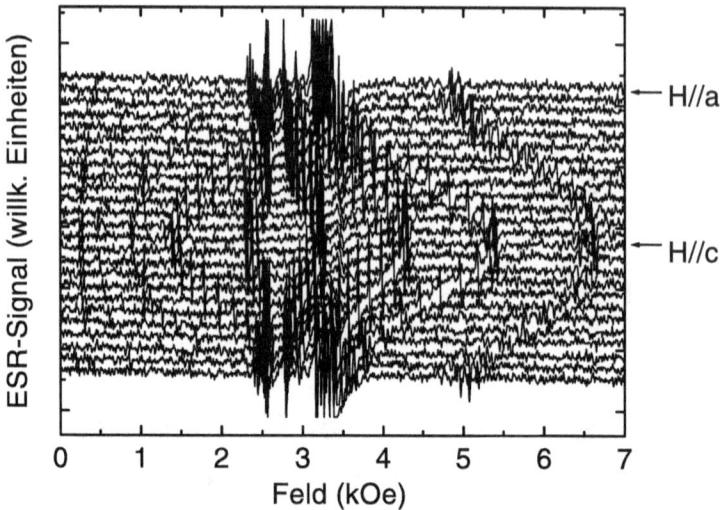

Abbildung A.1: Feinstruktur in einem NaV_2O_5-Einkristall mit Seltenen-Erd-Verunreinigungen in der a-c-Ebene, die Spektren entsprechen verschiedenen Orientierungen der Probe im externen Magnetfeld (Winkelabstände: $\Delta\varphi = 7°$) und sind mit zunehmendem Winkel um jeweils 100 Einheiten in der y-Achse gegeneinander verschoben dargestellt.

eingrenzen. Man erwartet aufgrund des g-Faktors ein Ion mit einem Sondenspin ohne Drehimpulsanteil. Die Anzahl der Resonanzlinien deuten auf einen Spin von $S = 7/2$ hin. Auffällig ist außerdem, daß die Aufspaltung der Linien relativ groß ist und die Einzellinien der Feinstruktur sehr schmal sind. Diese Beobachtungen legen nahe, daß es sich bei der Verunreinigung um ein Seltenes-Erd-Metall handelt. Aufgrund des Spins $S = 7/2$ bleiben damit Gd^{3+} oder Eu^{2+}, von denen wiederum Gadolinium wahrscheinlicher ist, da der Ionenradius von Gd^{3+} etwa dem von Na^+ entspricht, wogegen der Ionenradius von Eu^{2+} um 20 % größer ist.
Eine ähnliche Feinstruktur wurde zum Beispiel in $PrVO_4$ beobachtet [Meh82], wie in Abbildung A.3 gezeigt.

Die Linien bei hohen Feldern zeigen in der gemessenen NaV_2O_5-Probe eine (wenig ausgeprägte) Doppelstruktur, die wahrscheinlich durch Sonden mit geringfügig anderer lokaler Umgebung verursacht wird.

Nach einer Abschätzung der ESR-Intensität beträgt der Anteil der Spins,

A.1 Feinstruktur in einer NaV$_2$O$_5$-Probe

die zu der Hyperfeinstruktur beitragen etwa 0.1 %. Aus diesem Grund war es nicht möglich, die Ionen, die die Feinstruktur verursachen, mit einer Standard-Charakterisierungsmethode, wie Röntgenstreuung, nachzuweisen. Die Ähnlichkeit der Feinstruktur mit der von Mehran et al. in PrVO$_4$ beobachteten, läßt jedoch mit hoher Wahrscheinlichkeit sagen, daß es sich um Gadolinium (oder eventuell Europium) handeln muß.

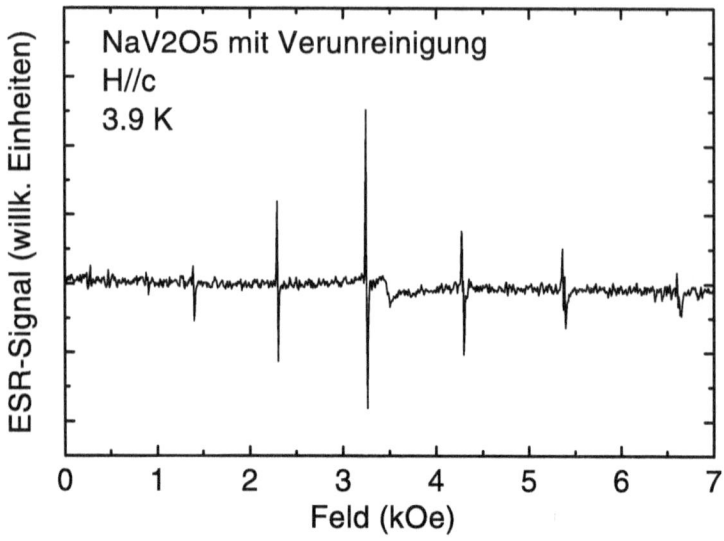

Abbildung A.2: Feinstruktur in einem NaV_2O_5-Einkristall mit Verunreinigungen für $H\|c$

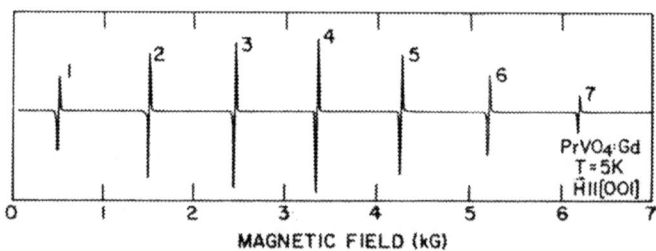

Abbildung A.3: Feinstrukturspektrum von $PrVO_4:Gd^{3+}$ aus [Meh82]

Literaturverzeichnis

[Abr86] A. Abragam und B. Bleaney. *Electron paramagnetic resonance of transition ions.* Dover Publications, Inc., New York (1986).

[Aff89] I. Affleck, D. Gepner, H. J. Schulz und T. Ziman. *J. Phys. A*, **22**, 511 (1989).

[Aji95] Y. Ajiro, T. Asano, F. Masui, M. Mekata, H. Aruga-Katori, T. Goto und H. Kikuchi. *Phys. Rev. B*, **51**, 9399 (1995).

[Al'64] S. A. Al'tshuler und B. M. Kozyrev. *Electron paramagnetic resonance.* Acad. Press, New York (1964).

[Bar74] S. E. Barnes. *Phys. Rev. B*, **9**, 4789 (1974).

[Bar81] S. E. Barnes. *Adv. Phys.*, **124**, 41 (1981).

[Bar94] T. Barnes und J. Riera. *Phys. Rev. B*, **50**, 6817 (1994).

[Bet31] H. A. Bethe. *Z. Physik*, **71**, 205 (1931).

[Blo46] F. Bloch. *Phys. Rev.*, **70**, 460 (1946).

[Bon64] J. C. Bonner und M. E. Fisher. *Phys. Rev.*, **135A**, 640 (1964).

[Bou73] J. C. Bouloux und J. Galy. *Acta Cryst.*, **B29**, 1335 (1973).

[Bou76] J. C. Bouloux und J. Galy. *Solid State Chem.*, **16**, 385 (1976).

[Bou96] J. P. Boucher und L. P. Regnault. *J. Phys. I (France)*, **6**, 1939 (1996).

[Bra75] J. W. Bray, H. R. Hart, L. V. Interrante, I. S. Jacobs, J. S. Kasper, G. D. Watkins, S. H. Wee und J. C. Bonner. *Phys. Rev. Lett.*, **35**, 744 (1975).

[Brü83]   W. Brückner, H. Oppermann, W. Reichelt, J. I. Terukov, F. A. Tschudnowski und E. Wolf. *Vanadiumoxide*. Akademie-Verlag, Berlin (1983).

[Büc99]   B. Büchner, T. Lorenz, R. Walter und H. Kierspel. *Phys. Rev. B*, **59**, 6886 (1999).

[Bul69]   L. N. Bulaevskii. *Solid State Commun.*, **11**, 921 (1969).

[Bul78]   L. N. Bulaevskii. *Solid State Commun.*, **27**, 5 (1978).

[Car75]   A. Carpy und J. Galy. *Acta Crystallogr. Sect. B*, **31**, 1481 (1975).

[Cas69]   A. Casalot und P. Hagenmüller. *J. Solid State Chem.*, **30**, 1341 (1969).

[Cas95]   G. Castilla, S. Chakraverty und V. J. Emery. *Phys. Rev. Lett.*, **75**, 1823 (1995).

[Cha78]   B. K. Chakraverty, M. J. Sienko und J. Bonnerot. *Phys. Rev. B*, **17**, 3781 (1978).

[Chi95]   R. Chitra, S. Pati, H. R. Krishnamurthy, D. Sen und S. Ramasesha. *Phys. Rev. B*, **52**, 6581 (1995).

[Cro79a] M. C. Cross. *Phys. Rev. B*, **20**, 4606 (1979).

[Cro79b] M. C. Cross und D. S. Fisher. *Phys. Rev. B*, **19**, 402 (1979).

[Dag96]   E. Dagotto und T. M. Rice. *Science*, **271**, 618 (1996).

[Dam98]   A. Damascelli, D. van der Marel, M. Grüninger, C. Presura und T. T. M. Palstra. *Phys. Rev. Lett.*, **81**, 918 (1998).

[Duf68]   W. Duffy und K. P. Barr. *Phys. Rev.*, **165**, 647 (1968).

[Dys55]   F. J. Dyson. *Phys. Rev.*, **98**, 349 (1955).

[Dzy58]   I. Dzyaloshinski. *J. Phys. Chem. Solids*, **4**, 241 (1958).

[Egg94]   S. Eggert, I. Affleck und M. Takahashi. *Phys. Rev. Lett.*, **72**, 332 (1994).

[Egg96]   S. Eggert. *Phys. Rev. B*, **54**, R9612 (1996).

[Els97]   B. Elschner und A. Loidl. *Handbook on the Physics and the Chemistry of Rare Earth*, Vol. 24. Elsevier Science B. V., Amsterdam (1997).

[Fab98]   K. Fabricius, A. Klümper, U. Löw, B. Büchner, T. Lorenz, G. Dhalenne und A. Revcolevschi. *Phys. Rev. B*, **57**, 1102 (1998).

[Fis99a] M. Fischer, (1999). persönliche Mitteilung.

[Fis99b] M. Fischer, P. Lemmens, G. Els, G. Güntherodt, E. Y. Sherman, E. Morré, C. Geibel und F. Steglich. *Phys. Rev. B*, **60**, 7284 (1999).

[Föe46]   M. Föex. *Comp. Rend. Acad. Sci. Paris*, **223**, 1126 (1946).

[Fri78]   A. Friederich, D. Kaplan, N. Sol und R. H. Wallis. *J. Phys. Lett. (France)*, **39**, L343 (1978).

[Fud99]   Y. Fudamoto, K. M. Kojima, M. I. Larkin, G. M. Luke, J. Merrin, B. Nachumi und Y. J. Uemura. *Phys. Rev. Lett.*, **83**, 3301 (1999).

[Fuj97]   Y. Fujii, H. Nakao, T. Yoshihama, M. Nishi, K. Nakajima, K. Kakurai, M. Isobe, Y. Ueda und H. Sawa. *J. Phys. Soc. Jpn.*, **66**, 326 (1997).

[Gri64]   R. B. Griffiths. *Phys. Rev. A*, **136**, 437 (1964).

[Gro99]   C. Gros und R. Valentí. *Phys. Rev. Lett.*, **82**, 976 (1999).

[Hag71]   P. Hagenmüller. *Progr. Solid State Chem.*, **5**, 71 (1971).

[Hal81]   J. W. Hall, W. E. Marsh, R. R. Weller und W. E. Hatfield. *Inorg. Chem.*, **20**, 1033 (1981).

[Hal82]   F. D. M. Haldane. *Phys. Rev. B*, **25**, 4925 (1982).

[Hal83]   F. D. M. Haldane. *Phys. Lett. A*, **93**, 464 (1983).

[Har96]   H. Harashina, K. Kodama, S. Shamoto, S. Tanguchi, T. Nishikawa, M. Sato, K. Kakurai und M. Nishi. *J. Phys. Soc. Jpn.*, **65**, 1570 (1996).

[Has93]   M. Hase, I. Terasaki und K. Uchinokura. *Phys. Rev. Lett.*, **70**, 3651 (1993).

[Hem98]   J. Hemberger, M. Lohmann, M. Nicklas, A. Loidl, G. Obermeier und S. Horn. *Europhys. Lett.*, **42**, 661 (1998).

[Hor98] P. Horsch und F. Mack. *Euro. Phys. J. B*, **5**, 367 (1998).

[Hui79] S. Huizinga, J. Kommandeur, G. A. Sawatzky, B. T. Thole, K. Kopinga, W. J. M. de Jonge und J. Roos. *Phys. Rev. B*, **19**, 4723 (1979).

[Iso96] M. Isobe und Y. Ueda. *J. Phys. Soc. Jpn.*, **65**, 1178 (1996).

[Iso97a] M. Isobe, C. Kagami und Y. Ueda. *J. Crystal Growth*, **181**, 314 (1997).

[Iso97b] M. Isobe und Y. Ueda. *J. Alloys and Compounds*, **262–263**, 180 (1997).

[Iso98] M. Isobe und Y. Ueda. *J. Magn. Magn. Mat.*, **177-181**, 671 (1998).

[Iso99] M. Isobe, Y. Ueda, Y. Oka und T. Yao. *J. Solid State Chem.*, **145**, 361 (1999).

[Iwa96] H. Iwase, M. Isobe, Y. Ueda und H. Yasuoka. *J. Phys. Soc. Jpn.*, **65**, 2397 (1996).

[Jac76] I. S. Jacobs, J. W. Bray, H. R. Hart, L. V. Interrante, J. S. Kasper, G. D. Watkins, D. E. Prober und J. C. Bonner. *Phys. Rev. B*, **14**, 3036 (1976).

[Joh96] D. C. Johnston. *Phys. Rev. B*, **54**, 13009 (1996).

[Kan82] Y. Kanai, S. Kagoshima und H. Nagasawa. *J. Phys. Soc. Jpn.*, **51**, 697 (1982).

[Kan90] Y. Kanke, E. Takayama-Murromachi, K. Kato und Y. Matsui. *J. Solid State Chem.*, **89**, 130 (1990).

[Kat99] N. Katoh, T. Miyazaki und T. Ohno. *Phys. Rev. B*, **59**, R12723 (1999).

[Kef62] F. Keffer. *Phys. Rev.*, **126**, 896 (1962).

[Klü93] A. Klümper. *Z. Phys. B*, **91**, 507 (1993).

[Koc94] B. I. Kochelaev, L. Kan und B. Elschner. *Phys. Rev. B*, **49**, 13106 (1994).

[Kod96] K. Kodama, H. Harashina, S. Shamoto, S. Taniguchi, M. Sato, K. Kakurai und M. Nishi. *J. Phys. Soc. Jpn.*, **65**, 1941 (1996).

[Kod97] K. Kodama, H. Harashina, H. Sasaki, Y. Kobayashi, M. Kasai, S. Taniguchi, Y. Yasui, M. Sato, K. Kakurai, T. Mori und M. Nishi. *J. Phys. Soc. Jpn.*, **66**, 793 (1997).

[Kon97] S. Kondo, D. C. Johnston, C. A. Swenson, F. Borsa, A. V. Mahajan, L. L. Miller, T. Gu, A. I. Goldman, M. B. Maple, D. A. Gajewski, E. J. Freeman, N. R. Dilley, R. P. Dickey, J. Merrin, K. Kojima, G. M. Luke, Y. J. Uemura, O. Chmaissem und J. D. Jorgensen. *Phys. Rev. Lett.*, **78**, 3729 (1997).

[Koo99] H.-J. Koo und M.-H. Whangbo. *Solid State Commun.*, **111**, 353 (1999).

[Kur98] H. Kuroe, H. Seto, J. Sasaki, T. Sekine, M. Isobe und Y. Ueda. *J. Phys. Soc. Jpn.*, **67**, 2881 (1998).

[Lau76] I. C. Launay, M. Pouchard und R. Ayroles. *J. Crys. Growth*, **36**, 297 (1976).

[Liu93] G. Liu und J. E. Greedan. *J. Solid State Chem.*, **103**, 139 (1993).

[Loh97] M. Lohmann, A. Loidl, M. Klemm, G. Obermeier und S. Horn. *Solid State Commun.*, **104**, 649 (1997).

[Loh99] M. Lohmann, J. Hemberger, M. Nicklas, H.-A. Krug von Nidda, A. Loidl, M. Klemm, G. Obermeier und S. Horn. *Physica B*, **259-261**, 963 (1999).

[Loh00] M. Lohmann, H.-A. Krug von Nidda, A. Loidl, E. Morré, M. Dischner und C. Geibel. *Phys. Rev. B*, **61**, 9523 (2000).

[Lüd99] J. Lüdecke, A. Jobst, S. van Smaalen, E. Morré, C. Geibel und H.-G. Krane. *Phys. Rev. Lett.*, **82**, 3633 (1999).

[Lut98] S. Luther, H. Nojiri, M. Motokawa, M. Isobe und Y. Ueda. *J. Phys. Soc. Jpn.*, **67**, 3715 (1998).

[Man91] E. Manousakis. *Rev. Mod. Phys.*, **63**, 1 (1991).

[Mee98] A. Meetsma, J. L. de Boer, A. Damascelli und T. T. M. Palstra. *Acta. Cryst. C*, **54**, 1558 (1998).

[Meh82] F. Mehran und K. W. H. Stevens. *Physics Reports*, **85**, 123 (1982).

[Mer66] N. D. Mermin und H. Wagner. *Phys. Rev. Lett.*, **17**, 1133 (1966).

[Mil99]   P. Millet, J.-Y. Henry und J. Galy. *Acta Cryst.*, **C 55**, 276 (1999).

[Moo70]   R. M. Moon. *Phys. Rev. Lett.*, **25**, 527 (1970).

[Mor60]   T. Moriya. *Phys. Rev.*, **120**, 91 (1960).

[Mos98]   M. V. Mostovoy und D. I. Khomskii. *cond–mat/9806215* (1998).

[Obe97]   G. Obermeier. Diplomarbeit, Universität Augsburg (1997).

[Oga86]   K. Ogawa, M. Onoda und H. Nagasawa. *J. Phys. Soc. Jpn.*, **55**, 2129 (1986).

[Oha97]   T. Ohama, M. Isobe, H. Yasuoka und Y. Ueda. *J. Phys. Soc. Jpn.*, **66**, 545 (1997).

[Oka92]   K. Okamoto und K. Nomura. *Phys. Lett. A*, **169**, 433 (1992).

[Ono83]   M. Ononda und H. Nagasawa. *J. Phys. Soc. Jpn.*, **52**, 2231 (1983).

[Ono87]   M. Ononda und H. Nagasawa. *Phys. Stat. Sol. (b)*, **141**, 507 (1987).

[Ono98]   M. Ononda und A. Ohyama. *J. Phys.: Cond. Matt.*, **10**, 1229 (1998).

[Ono99]   M. Ononda und T. Kagami. *J. Phys.: Cond. Matt.*, **11**, 3475 (1999).

[Ose95]   S. B. Oseroff, S. W. Cheong, B. Aktas, M. F. Hundley, Z. Fisk und L. W. Rupp. *Phys. Rev. Lett.*, **74**, 1450 (1995).

[Pak73]   G. E. Pake und T. L. Estle. *The physical principles of electron paramagnetic resonance.* W. A. Benjamin, Inc., Reading, Massachusetts (1973).

[Pei55]   R. E. Peierls. *Quantum theory of solids.* Oxford University Press, Oxford (1955).

[Pil97]   B. Pilawa. *J. Phys.: Cond. Matt.*, **9**, 3779 (1997).

[Ple73]   T. Plefka. *Phys. Stat. Solidi B*, **55**, 129 (1973).

[Pou67a] M. Pouchard, A. Casalot und P. Hagenmüller. *Bul. Soc. Chem.*, **11**, 4343 (1967).

[Pou67b] M. Pouchard und P. Hagenmüller. *Materials Research Bulletin*, **8**, 801 (1967).

[Pyt74]   E. Pytte. *Phys. Rev. B*, **10**, 4637 (1974).

[Rav98]   S. Ravy, J. Jegoudez und A. Revcolevschi. *cond-mat/9808313v2* (1998).

[Ren95]   J.-P. Renard, K. Le Dang, P. Veillet, G. Dhalenne, A. Revcolevschi und L.-P. Regnault. *Europhys. Lett.*, **30**, 475 (1995).

[Rie95]   J. Riera und A. Dobry. *Phys. Rev. B*, **51**, 16098 (1995).

[Sav96]   J. M. Savariault, J. L. Parize, D. B. Tkatchenko und J. Galy. *J. Solid State Chem.*, **122**, 1 (1996).

[Sch97]   S. Schmidt, W. Palme und B. Lüthi. *Phys. Rev. B*, **57**, 2687 (1997).

[Sch99]   W. Schnelle, Y. Grin und R. K. Kremer. *Phys. Rev. B*, **59**, 73 (1999).

[Seo98]   H. Seo und H. Fukuyama. *J. Phys. Soc. Jpn.*, **67**, 2602 (1998).

[Sli96]   C. P. Slichter. *Principles of magnetic resonance*, Vol. 1 of *Springer Series in Solid-State Science*. Springer-Verlag, Berlin (1996).

[Smi99]   A. Smirnov, M. N. Popova, A. B. Sushkov, S. A. Golubchik, D. I. Khomskii, M. V. Mostovoy, A. N. Vasil'ev, M. Isobe und Y. Ueda. *Phys. Rev. B*, **58**, 14546 (1999).

[Smo98]   H. Smolinski, C. Gros, W. Weber, U. Peuchert, G. Roth, M. Weiden und C. Geibel. *Phys. Rev. Lett.*, **80**, 5164 (1998).

[Spe74a]   G. Sperlich. *Archives des Science*, **27**, 14 (1974).

[Spe74b]   G. Sperlich und W. D. Lazé. *Phys. Stat. Sol. B*, **65**, 625 (1974).

[Spe75]   G. Sperlich, W. D. Lazé und G. Bang. *Solid State Commun.*, **16**, 489 (1975).

[Tak81]   T. Takahashi und H. Nagasawa. *Solid State Commun.*, **39**, 1125 (1981).

[Tan95]   S. Taniguchi, T. Nishikawa, Y. Yasui, Y. Kobayashi, M. Sato, T. Nishioka und M. Kontani. *J. Phys. Soc. Jpn.*, **64**, 2758 (1995).

[Tan97]   S. Taniguchi, Y. Kobayashi, M. Kasai, K. Kodama und M. Sato. *J. Phys. Soc. Jpn.*, **66**, 3660 (1997).

[Tha98]   P. Thalmeier und P. Fulde. *Europhys. Lett.*, **44**, 242 (1998).

[Tro94]   M. Troyer, H. Tsunetsugu und D. Würtz. *Phys. Rev. B*, **50**, 13515 (1994).

[Uhr98]   G. S. Uhrig. *Phys. Rev. B*, **57**, R14004 (1998).

[Uji88]   S. Uji und H. Nagasawa. *J. Phys. Soc. Jpn.*, **57**, 2791 (1988).

[Vas97]   A. N. Vasil'ev, A. I. Smirnov, M. Isobe und Y. Ueda. *Phys. Rev. B*, **56**, 5065 (1997).

[vS98]   H. G. von Schnering, Y. Grin, M. Kaupp, M. Somer, R. Kremer, O. Jepsen, T. Chatterji und M. Weiden. *Z. Kristallogr.*, **213**, 246 (1998).

[vS99]   S. van Smalen und J. Lüdecke. *Europhys. Letters, submitted* (1999).

[Wad55]   A. D. Wadsley. *Acta Crystallogr.*, **8**, 695 (1955).

[Wal77]   R. H. Wallis, N. Sol und A. Zylbersztejn. *Solid State Commun.*, **23**, 539 (1977).

[Wei97]   M. Weiden, R. Hauptmann, C. Geibel, F. Steglich, M. Fischer, P. Lemmens und G. Güntherodt. *Z. Phys. B*, **103**, 1 (1997).

[Whi93]   S. R. White und D. A. Huse. *Phys. Rev. B*, **48**, 3844 (1993).

[Whi94]   S. R. White, R. M. Noack und D. J. Scalapino. *Phys. Rev. Lett.*, **73**, 886 (1994).

[Yam95]   S. Yamamoto. *Phys. Rev. Lett.*, **75**, 3348 (1995).

[Yam96]   I. Yamada, M. Nishi und J. Akimitsu. *J. Phys.: Cond. Matt.*, **8**, 2625 (1996).

[Yam98]   I. Yamada, H. Manaka, H. Sawa, M. Nishi, M. Isobe und Y. Ueda. *J. Phys. Soc. Jpn*, **67**, 4269 (1998).

[Zem99]   J. Zeman, G. Martinez, P. H. M. van Loosdrecht, G. Dhalenne und A. Revcolevschi. *cond-mat/9908145* (1999).

Danksagung

An dieser Stelle möchte ich mich bei allen, die mir während der Entstehung dieser Arbeit geholfen haben, herzlich danken:

Herrn Prof. Dr. A. Loidl danke ich dafür, daß er mir die Anfertigung dieser Arbeit in seiner Arbeitsgruppe ermöglicht hat und, daß er jederzeit bereit war, mir mit Diskussionen und Anregungen weiterzuhelfen.

Bei Herrn Prof. Dr. A. Kampf bedanke ich mich für die Übernahme des Zweigutachtens und Hinweise zum Verständnis der Dotierungsreihen.

Mein besonderer Dank gilt Herrn Dr. H.-A. Krug von Nidda für sein Interesse an meiner Arbeit, seine Geduld mit meinen unzähligen Fragen zur ESR und für seine Ausdauer bei der Durchsicht dieses Manuskriptes.

Herrn Prof. B. Elschner danke ich für sein Interesse und hilfreiche Anregungen.

Bedanken möchte ich mich auch bei Herrn Dipl.-Phys. G. Obermeier und Herrn Dr. M. Klemm für die Herstellung und Charakterisierung der $Na_xV_2O_5$- und der LiV_2O_4-Proben. Herr Prof. Dr. S. Horn danke ich dafür, das er diese Zusammenarbeit ermöglicht hat.
Für die Herstellung der dotierten Proben danke ich Herrn Dr. E. Morré, Herrn Dipl.-Phys. M. Dischner und Herrn Dr. C. Geibel vom MPI für chemische Physik fester Stoffe in Dresden.
Herrn A. Maiazza danke ich die Präparation der Kupfer-Bronzen und seine unermütlichen Versuche, die Qualität dieser Proben zu verbessern.

Mein Dank gilt auch allen Mitarbeitern in Augsburg und Darmstadt, die bei der Helium-Versorgung, in der Werkstatt und im Probenlabor die Voraussetzungen für diese Arbeit geschaffen haben.

Bei allen Mitgliedern der Arbeitsgruppe möchte ich mich für die angenehme Atmosphäre und die gute Zusammenarbeit bedanken.

Meinen Eltern und meinem Freund Ulrich danke ich für die „moralische" Unterstützung, ohne die diese Arbeit gar nicht erst hätte entstehen können.

Lebenslauf

Name: Meike Lohmann
geboren am: 28. April 1971 in Groß-Gerau/Hessen

schulische Ausbildung:

1977-1981	Grundschule (Langen/Hessen)
1981-1983	Förderstufe (Langen/Hessen)
1983-1990	Dreieich-Gymnasium (Langen/Hessen)
1990	Abitur

Studium:

1990-1996	Physikstudium an der Technischen Hochschule Darmstadt
1992	Vordiplom
1993-1994	Studium an der Universität Bordeaux (Erasmus-Stipendium) Abschluß: Maîtrise de Physique et Applications
Mai 1995 - September 1996	Diplomarbeit: „Magnetowiderstandsmessungen an Schwere-Fermionen-Systemen in der Nähe eines quantenkritischen Punktes: $CeCu_2Si_2$ und $CeNi_2Ge_2$" am Institut für Festkörperphysik, Technische Physik, Arbeitsgruppe Prof. Steglich)
September 1996	Diplom

Oktober 1996 - Juni 1997	wissenschaftliche Angestellte am Institut für Festkörperphysik der Technischen Hochschule Darmstadt
seit Juli 1997	wissenschaftliche Angestellte am Institut für Physik, Universität Augsburg

www.ingramcontent.com/pod-product-compliance
Lightning Source LLC
Chambersburg PA
CBHW070246230526
45470CB00002B/488